减温减压技术

主　编　陈立龙

副主编　钱锦远　陈卫平　张　明

主　审　金志江

ZHEJIANG UNIVERSITY PRESS
浙江大学出版社
·杭州·

图书在版编目(CIP)数据

减温减压技术/陈立龙主编;钱锦远,陈卫平,张明副主编. —杭州:浙江大学出版社,2022.12
ISBN 978-7-308-23194-7

Ⅰ.①减… Ⅱ.①陈… ②钱… ③陈… ④张… Ⅲ.①减温减压器 Ⅳ.①TK223.3

中国版本图书馆 CIP 数据核字(2022)第 196757 号

减温减压技术

陈立龙　主编　钱锦远　陈卫平　张　明　副主编

策划编辑	傅宏梁
责任编辑	蔡晓欢　金佩雯
责任校对	潘晶晶
责任印制	范洪法
封面设计	雷建军
出版发行	浙江大学出版社
	(杭州市天目山路 148 号　邮政编码 310007)
	(网址:http://www.zjupress.com)
排　　版	杭州星云光电图文制作有限公司
印　　刷	广东虎彩云印刷有限公司绍兴分公司
开　　本	710mm×1000mm　1/16
印　　张	13.25
字　　数	210 千
版 印 次	2022 年 12 月第 1 版　2022 年 12 月第 1 次印刷
书　　号	ISBN 978-7-308-23194-7
定　　价	68.00 元

序

　　节能是缓解能源约束、减轻环境压力、保障经济安全、实现全面建成小康社会目标和可持续发展的必然选择,是一项长期的战略任务。减温减压装置主要用于对电站锅炉、工业锅炉和热电厂供热机组的抽、排汽处输送来的入口蒸汽进行减温减压,使其出口蒸汽的压力温度达到用汽设备要求,以满足用户需要。减温减压装置是元件组合装置,属承压类特种设备。现代减温减压装置在国民经济诸多领域发挥着不可替代的作用。它的工作原理、结构设计、参数计算、材料选用、制造工艺和检验检测方法与一般工业管道相比有其特殊性。不仅如此,随着现代工业的发展,规模化、高参数化的减温减压装置直接关系着设备和人员生命的安全,因而减温减压装置设计和生产理念与一般管道元件组合装置存在着差异。

　　杭州华惠阀门有限公司是一家集减温减压装置研发、设计、制造与检测于一体的著名流体控制企业。浙江大学是一所著名的综合性大学。几十年来,杭州华惠阀门有限公司与浙江大学在特种阀门和减温减压装置产品方面开展了产学研深度合作并积累了丰富的技术和实践经验。减温减压装置由减压系统、减温系统、安全保护系统和控制系统组成,涉及的阀门种类繁多且功能各异,其运行工况也十分复杂,因而所涉及的专业知识领域广阔,但有关减温减压装置的专业书籍却非常少。两家单位的几名专家经过四年多的努力,合作完成了这本《减温减压技术》的编写工作,它也是在我国第一部公开出版的有关减温减压装置的专业著作。相信它的出版一定会对从事减温减压装置研发、设计、制造和检验检测的专业技术人员有所帮助,也将对我国减温减压装置的产品性能和技术水平的提高产生促进作用。

　　我有幸参与了本书编写和出版过程中的部分工作,清楚地了解这一过程所经历的技术上和非技术上的种种困难与问题,深切感受到作者们脚踏实地的工作态度和学术作风。相信读者不仅能从本书中的文字、数据、公式和图表中获取相关的专业知识,而且能体会到作者们认真执着、科学严谨精神。

　　希望本书的出版发行能够抛砖引玉;希望在未来的岁月里,能有更多的减温减压装置专著问世,以满足广大从业人员的需求,促进我国阀门产业的健康发展。

金志江

2022 年 4 月

前　言

随着科学技术的迅猛发展、现代工业技术的显著提高,减温减压装置的使用愈来愈广泛,工况也愈来愈复杂和苛刻,对减温减压装置的性能、寿命和质量的要求也愈来愈高。

本书总结了作者多年来的实际工作经验,并收集了大量国内外相关规范、标准和资料,系统地介绍了减温减压装置设计、制造、常见故障、排除方法、噪声及其治理、金属监督等方面的知识,为减温减压装置专业的工程技术人员,包括检验检测、安装维护、使用保养、管理和销售人员,提供了技术参考。

本书第一章、第二章、第三章、第七章由陈立龙编著,第六章由钱锦远编著,第四章、第五章由陈卫平编著,第四章第六节由虞闻斌编著,第一章部分由陈立龙、徐毅翔共同编著,本书插图由张明、刘儒亚和虞闻斌负责提供。

本书在浙江大学金志江教授的多年指导和帮助下成稿,并由金志江教授负责主审工作。作为本书的主审,金志江教授做了大量细致工作,并提出了许多宝贵的指导意见,谨此表示衷心的感谢。

感谢杭州华惠阀门有限公司研发团队、浙江大学能源工程学院金志江团队的支持和帮助。

由于作者水平有限,书中难免存在缺点和不当之处,恳请读者批评指正。

陈立龙

2022 年 3 月

常用符号和单位

A——雾化功,J;

D——旋涡式喷嘴外径,mm;

D_1——管子外径,mm;

D_{max},D_{min}——同一截面的最大、最小实测外径,mm;

D_e——成形后圆筒或管子的外径,mm;

d_0——喷口直径,mm;

E——喷嘴的纵弹性系数;

F——排放点(向大气排放)的反作用力,N;

f——激振频率,Hz;

f_n——旋涡式喷嘴固有频率,Hz;

f_T——调节阀的节流面积,cm^2;

F——雾化所需表面积,m^2;

F_a——安全阀流道面积,m^2;

F_c——排放管出口面积,mm^2;

F_i——悬臂进水管断面积,m^2;

f_A——安全阀的流通面积,cm^2;

f_J——减压阀流通面积,cm^2;

f_L——节流孔板的流通面积,cm^2;

f_{df}——喷水调节阀的流通截面积,m^2;

f_{pk}——喷水孔的流通截面积,m^2;

G——喷入的减温水量,kg/s;

g——重力加速度,m/s^2;

h_1——减温前蒸汽焓,kJ/kg;

h_2——减温后蒸汽焓,kJ/kg;

h_3——使喷入的减温水加热到饱和温度后的蒸汽热焓,kJ/kg;

h',h''——蒸汽压力下相应的饱和水和饱和汽的热焓,kJ/kg;

h_b——减温水焓,kJ/kg;

h_m——相邻两个褶皱的平均高度,取最大值,mm;

I——惯性矩,m⁴;

K——斯特哈罗系数;

K_{eff}——有效传导率;

K_{dr}——安全阀额定排量系数;

K_L——由阀前液体的绝对压力 p_1 所对应的饱和温度与阀入口处的实际温度之差 ΔT 决定的系数;

k——介质的比热容比、绝热指数($k = C_p/C_v$);

L——喷嘴的总悬臂长度,m;

L_1——减温水流量 q_b 时的调节阀开度,%;

L_c——管子变形区初始长度,mm;

L_e——成型后管子变形区的长度,mm;

l_{qh}——减温水汽化长度,mm;

l/l_{max}——相对开度,即调节阀某一开度下的行程与全行程之比;

M——介质的分子量,kg/kmol;

m——喷嘴质量,kg;

P_0——大气压力,1.013×10^5 Pa;

p_1,p_2——喷水调节阀前后的减温水压力,MPa;

p_A——安全阀的排放压力,bar;

P_c——排放点出口的静压力,MPa;

P_{c1}——排放管出口截面处的绝对压力,Pa;

P_d——排放时安全阀进口的绝对压力,Pa;

p_L——节流孔板前的蒸汽压力,bar[①];

Δp——压差,MPa;

Δp_T——调节阀的压差,MPa;

Δp_{df}——减温水经过喷水调节阀的压力损失,MPa;

---

① 1bar=0.1MPa

Δp_{ej}——喷嘴缩口所建立的负压,MPa;

Δp_{gl}——汽水流经给水调节阀、加热段、蒸发段、过热段的总阻力,MPa;

Δp_{ky}——喷水系统的可用压头,MPa;

Δp_{pk}——喷水孔的可用压头,MPa;

Q——任何气体、蒸汽或水蒸气的排量,kg/s;

Q_1——进入减温器的蒸汽流量,kg/s;

q——减温减压后的蒸汽流量,t/h;

q_b——减温水流量,t/h;

q_s——进口蒸汽流量,t/h;

q_T——流经调节阀的流量,kg/s;

q/q_{max}——相对流量,减压阀在某一开度时的流量 q 与全开时的流量 q_{max} 之比;

r——水滴半径,m;

R——管子中心线弯曲半径,mm;

R_f——成形后最小曲率半径(厚度中心处),mm;

S——表面张力,N/m;

s——调节阀全开时的压差与减温水系统总压差之比;

T——排放温度,K;

T_m——板材名义厚度,mm;

T_1——管子初始平均厚度,mm;

T_2——成形后管子最小厚度,mm;

t_3——蒸汽将喷入的减温水加热到饱和温度 t_b 后的蒸汽温度,℃;

t_d——直管的设计厚度,mm;

t_{pj}——平均温度,℃;

w——速度,m/s;

w_2——蒸汽在渐扩管后的混合管中的平均流速,m/s;

w_3——蒸汽在文丘里管缩口的流速,m/s;

w_{js}——减温水经过喷孔的流速,m/s;

w_{xd}——相对速度,m/s;

Z——气体压缩系数;

α_q——在蒸汽压力和平均温度 t_{pj} 下蒸汽的导热系数,m²/s;

β_J——减压阀前后压力比；

β_L——节流孔板前后蒸汽压力比；

φ_J——减压阀膨胀系数；

φ_L——节流孔板处蒸汽的膨胀系数；

ν_1——减压阀前的蒸汽比容，m^3/kg；

ν_A——安全阀排放压力下的蒸汽比容，m^3/kg；

ν_L——节流孔板前的蒸汽比容，m^3/kg；

ν_{js}——减温水比容，m^3/kg；

μ——蒸汽压力下饱和水的动力黏度系数，$N\cdot s/m^2$；

μ_A——安全阀的排量系数，一般全启式安全阀取 0.75；

μ_J——减压阀流量系数，一般取 0.75；

μ_L——节流孔板的流量系数，一般取 0.64～0.70；

μ_p——喷嘴调节阀的流量系数；

μ_T——调节阀的流量系数，一般取 0.70～0.80；

ζ——喷水孔的阻力系数；

ζ_{df}——调节阀阻力系数；

γ——减温水的密度，kg/m^3；

γ_{q1}，γ_{q2}——减温前后蒸汽的密度，kg/m^3；

γ_s——蒸汽压力下饱和水的密度，kg/m^3；

$\gamma\cdot h$——A、B 两点位高差所引起的重位压差，MPa；

τ_{eff}——有效黏性切应力张量；

τ_{qh}——减温水的汽化时间，s；

σ——蒸汽压力下饱和水的表面张力系数，N/m。

目　录

减温减压装置概述

我国是能源消耗大国。在工业化和城市化进程中,能源问题成为我国经济发展和社会进步的"瓶颈"。随着我国经济持续高速发展,低效率能源利用已成为制约经济社会可持续发展的关键。目前,我国在能源使用和节能政策方面不断提出越来越高的要求,如《国家中长期科学和技术发展规划纲要》提出了优先发展能源技术的要求,坚持节能优先、降低能耗,攻克主要耗能领域的节能关键技术。《中华人民共和国节约能源法》要求推动全社会节约能源,提高能源利用效率,保护和改善环境,促进经济社会全面协调可持续发展。

节能是缓解能源约束、减轻环境压力、保障经济安全、实现全面建成小康社会目标和可持续发展的必然选择,是一项长期的战略任务。为此,国家发改委在《节能中长期专项规划》中明确规定了"十三五"期间我国十大重点节能工程,其中"区域热电联产工程"作为重点工程已成为国家政策鼓励的发展方向。

"区域热电联产工程"涉及我国国民经济和国防建设的核心领域。其所涉及的如电力、石油、化工、能源、钢铁、冶金、核能、军工等过程工业的能耗占全国工业总能耗的 70% 以上,但现阶段的能源利用率仅为 33% 左右,与世界先进水平存在较大差距,节能空间和潜力很大。

减温减压装置是"区域热电联产工程"的核心装置,其主要功能是对从电站、工业锅炉或热电厂等处输送来的高温高压过热蒸汽进行温度和压力调节,以达到下游用户要求的用热或动力参数,从而合理使用热能、保证管网和设备的安全。具体来讲,减温减压装置是一种蒸汽热能参数(压力、温度)转变装置和利用余热的节能装置,具有减压、减温、安全保护和自动控制调节等功能,在国内外具有广阔的应用市场。

随着我国"区域热电联产工程"事业的发展(如大容量发电机组、百万吨级乙烯工程、天然气工程、高能核电工程、大型水面舰艇等国家重大重点工程的建设和国防军工事业的发展),我国对减温减压装置的需求将不断扩大,对其性能要求也越来越高。伴随着大流量、高参数机组的大量使用,各种大范围变工况(大变工况)条件随处发生,尤其是在高温高压、流量变化范围大、减温和减压幅度变化大、调节精度高的情况下,对减温减压装置在能耗性能、安全性能、使用寿命、噪声等方面的要求越来越高。提高减温减压装置压力、温度和流量调节性能,降低装置振动噪声显得尤为重要。

减温减压装置是蒸汽系统中调节温度、压力和流量等热能参数,实现余热余压利用和保护系统设备与管路安全的关键装置,被广泛应用于电力、石化、冶金、机械、轻纺、造纸、制冷、船舶等工业领域。其一般由减压机构、减温机构,或减温减压一体机构及安全保护机构、热力调节仪表等附件组成。减压机构一般由减压阀和节流孔板组成,用于完成蒸汽的两级或多级减压。减温机构一般由给水调节阀和雾化喷嘴组成,其中给水调节阀主要用于输送减温水,雾化喷嘴主要用于对减温水进行雾化,以增强减温水与蒸汽的换热效果。减温减压一体机构主要指减温减压阀,其减温和减压过程可在阀内同步进行。安全保护机构可以防止二次压力超过限定值,确保其减温减压装置在安全条件下运行。各类热力调节仪表可对蒸汽的温度、压力和流量等信息进行实时监测,并反馈给执行机构,实现自动调节。

我国减温减压装置的设计和制造起步较晚。最初的减温减压装置主要采用苏联的结构,但该结构体积大、减温减压效果较差,无法满足现代工业需求。自20世纪90年代以来,我国高校科研人员和相关企业技术人员通过自主研发,推动了减温减压装置设计制造水平的提高,取得了长足的进步。例如:袁心亿[1]、张少坤等[2]先后研究并介绍了减温减压装置的自动控制系统,极大地提高了蒸汽参数的控制精度,提升了设备运行的平稳性,并在鹤壁煤电股份有限公司得到了应用;雍丽英等[3]研发了一种新型减温减压装置,实现了流量范围从10%到100%的精确调节;阎继宏[4]分析了应用于哈萨克斯坦扎那诺尔第三天然气处理厂的减温减压装置所遇到的故障,提出了增设节流装置、增大蒸汽流量等解决方法;陈娟娟[5]、马力等[6]对焦化企业和煤制油企业在供汽设备中采用减温减压装置后的经济性进行了分析,指出应用减温减压装置可为企业节省大量能耗与运行成本。

随着现代工业的不断发展,为了提高能源的生产和利用效率,蒸汽系统内的蒸汽参数不断提升,并朝着高温、高压、大流量的复杂工况发展,对减温减压装置的精确稳定调节能力提出了更高的要求。本书以减温减压装置的减压机构和减温机构为索引,整理了国内外减温减压装置的发展现状,并提出了减温减压装置未来的发展方向。

第一节 一体式减温减压装置

在一体式减温减压装置中减温机构与减压机构组合成一个机构,即减温减压阀。减温减压阀适用于入口蒸汽压力低于9.81MPa、温度不超过540℃的工况,结构更加精简,体积更小,成本更低。

一体式减温减压装置的核心部件是集减压阀和减温水喷嘴于一体的减温减压阀[7],如图1-1所示。

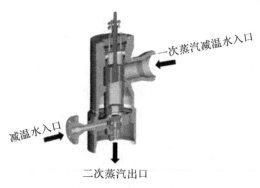

图1-1 减温减压阀

减温减压阀主要由阀体、阀盖、节流组件、阀瓣、阀杆、减温水喷管、下阀盖等组件组成。减温减压阀通过控制阀体内启闭件开度的大小来调节蒸汽的流量与压力,同时借助阀后压力的作用调节启闭件的开度,使阀后压力保持在一定范围内,并在阀体内喷入减温水,降低蒸汽温度。

最早的一体式减温减压装置是将原本分体式减温减压装置中的减温水喷嘴与减压阀简单安装在一起,形成管式减温减压器,即第二代减温减压装置。相比于分体式减温减压装置,该装置虽然占地面积减小了,但是体积仍然较大,长度一般为 3~7m,有的甚至可长达 10m。此外,该结构的减温减压装置调节精度较差,调节范围较窄,一般只能在额定流量的 60% 和 120% 之间调节[8],并且振动噪声大,安装维修困难,因此并未被广泛应用。

第三代减温减压装置在第二代的基础上,在结构上进行了较多的改进。第三代减温减压装置中的减温减压阀采用了直行程的双座平衡式结构,降低了作用于阀杆的不平衡力,使其能更好地适应大流量工况;减温水通过阀瓣上的小孔进入阀体内,强化了减温效果;阀内设置了网罩结构,可有效降低噪声。与第二代相比,第三代减温减压装置的性能参数有了较大的提升,但是由于减温水流道不可改变,因此当流量调节范围变大时,减温水的雾化效果难以满足要求[9],而且双座结构不容易密封,在使用中泄漏量大。

第四代减温减压装置将减温减压阀的阀体改为双球形。双球形结构可降低阀体所受的交变应力,相比双座式结构又能减少泄漏;阀内采用套筒式结构实现减压,流量调节比可达 10:1,既能保护阀座,又能提高调节精度;阀体下部大球内采用节流孔罩,增强了减温水的雾化效果,避免减温水直接与阀体接触,可保护阀体;孔罩结构在起降噪作用的同时,还可进行二次减压,增大了减压幅度;阀内采用自动可调伞形雾化喷嘴,喷水处截面为环形结构,减温水呈 45°~60°伞形,该结构可保证蒸汽流量变化时喷嘴流通面积和减温水流量能与所需工况同步,使减温水与过热蒸汽充分混合,提高减温效率;减温水有一定的喷射速度,以保证该阀能满足流量和减温幅度变化较大的变工况条件[10]。第四代减温减压装置仍存在的问题是,整个减温减压阀结构十分复杂,双球结构导致内腔所需容积较大,进出口不在同一水平线上且减温减压阀体形偏大,成本较高,维修困难。此外,第三代和第四代减温减压阀都是单调节式,不能满足复杂工况的使用要求[9]。

针对上述问题,第五代减温减压装置中的减温减压阀采用了新的球形阀体。该结构上下腔均为半球形流线型结构,有利于流体的无阻塞流动;阀瓣与阀座之间、套筒与阀瓣之间的通流面积可通过执行机构调节,实现同步的二次减压;阀瓣上开设喷嘴孔,喷嘴活塞与喷嘴孔的相对通流面积会随着阀瓣的运动而改变,从而达到减温可调的目的。第五代减温减压装置结构合理紧凑,在工况变化大的极端条件下仍能保持优良的调节性能;流量调节比可达 20∶1 以上,减温减压幅度提高;噪声水平低,从传统的减温减压装置的 87dB(A) 以上降低到 84dB(A) 以下。第五代减温减压装置还设置了仪表监控系统,可在现场监控柜自动或者手动调节设备运行[9]。

历代一体式减温减压装置在参数、结构和性能上的提升情况如表 1-1 所示。

表 1-1　历代一体式减温减压装置对比

装置	参数提升	结构优化	性能提升
第二代减温减压装置	调节范围:额定流量的 20%~60% 噪声:≥90dB(A)	减温与减压结构进行组合	减小体积重量;避免管道内的水击现象
第三代减温减压装置	噪声:≥90dB(A)	直行程双座式结构;内设网罩;阀瓣上开小孔引入减温水	减小体积重量;平衡了阀芯力矩
第四代减温减压装置	调节比:10∶1 噪声:≤85dB(A)	套筒式减压结构;节流孔罩进行二次减压;单阀座密封结构;喷嘴为自动可调伞形;喷水处界面为环形结构,减温水成 45°~60°伞形	减少蒸汽泄漏;满足流量和减温幅度变化大的变工况调节;提高了雾化作用;提高了水雾与蒸汽混合程度
第五代减温减压装置	调节比:≥20∶1 噪声:≤84dB(A)	上下腔为半球形流线型结构;通过阀座及套筒实现二级减压;通过阀瓣上下移动改变减温水的通流面积	在大变工况等极端条件下具有优良的调节性能;减温、减压和降噪幅度有很大提高

第二节　分体式减温减压装置

分体式减温减压装置中的减温和减压过程是分开进行的。减压过程通过减压机构的减压阀节流减压来实现;减温过程通过减温机构的喷嘴喷出雾化减温水与蒸汽混合来实现。分体式减温减压装置控制精度高、运行平稳、调节灵敏。

1. 减压机构

分体式减温减压装置的减压机构主要由减压阀和节流孔板组成,其减压级数由减压前后蒸汽之间的压差来决定。蒸汽进入减压阀后,减压阀通过执行器带动执行机构将蒸汽的进口压力减至某一特定的压力并使其保持稳定。减压阀往往要求进出口压差必须≥0.2MPa。

减压阀根据是否带有执行机构,可分为自力式减压阀和控制式减压阀。我国早期的减压阀虽然可以基本满足当时国内的工业需求,但是实际上还存在着很多问题,例如:①部分蒸汽管路仍采用自力式减压阀作为减压装置,而自力式减压阀调节精度低,且只适用于低参数工况。如由沈阳第二阀门厂生产的CY43H-16先导活塞式减压阀,只适用于压力≤1.6MPa、温度≤200℃的工况。②控制式减压阀设计水平低。如我国自主设计的PV8228减压控制阀,在高温高压条件下极易发生冲蚀、汽蚀等问题[11],且设计出的减压阀流量调节范围小,蒸汽流量调节比一般只有10:1。③阀门生产制造水平低。如赵彦修等[12]对1994年发生在河北某工厂采暖蒸汽管道上的减压阀的爆炸事故进行了调查,发现该减压阀的材料和铸造方式均存在严重缺陷,并指出当年阀门市场抽查合格率仅为32.8%。由此可见,早期的减压阀无法满足当前高温高压、流量变化范围大和减压幅度大的复杂工况[13]。如今,国内的减温减压装置普遍采用控制式减压阀,以精确控制高压蒸汽出口压力,并且设计制造水平有了巨大的进步。国内应用于减温减压装置的控制式减压阀主要有单柱塞式减压阀、笼罩式减压阀和双座式减压阀三类,其主要结构特点与性能参数方面的具体情况如下。

单柱塞式减压阀的结构形式[14]如图1-2所示。该类减压阀一般应用于工作压力≥10MPa、工作温度≥540℃的高参数工况,因此一般设计为角式结构[15],且大多采用液压或气动执行机构,启闭速度快;其减压结构采用了单座柱塞加孔板的形式,可有效降低噪声;阀瓣处采用一种特殊的流道结构,可将气流分解成多股梅花状流出,从而避免阀内出现强烈振动;阀体内采用曲线形多孔钟罩,可防止蒸汽直接冲击阀体内表面,延长阀门寿命;阀杆一般设计为较大直径,并且与阀瓣一体,可提高阀杆的强度和抗振性。此外,单柱塞式减压阀的密封性及调节特性相较于双座柱塞式减压阀也更优良。

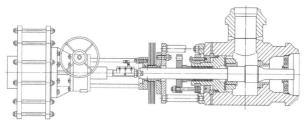

图 1-2 单柱塞式减压阀

笼罩式减压阀结构形式[16]如图1-3所示。笼罩式减压阀通过控制套筒内的阀瓣位置来调节蒸汽压力和流量。相比于单柱塞式减压阀,笼罩式减压阀更适用于较低流量和压力的情况,具有噪声小、精度高等优点。此外,多孔笼罩结构还可起到抑制阀芯处空化的作用[17],其特点在于阀芯由带有节流孔的阀瓣和套筒组成。笼罩式减压阀阀内通常设有多级节

图 1-3 笼罩式减压阀

流降压结构,该结构在降噪的同时,还起到保护阀座及阀体使其免受冲击的作用,能够延长阀门寿命。根据形式的不同,多级节流降压结构可分为串级式、迷宫盘式、多层套筒式[18-20],如图 1-4 所示。

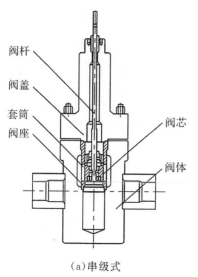

阀杆
阀盖
套筒
阀座
阀芯
阀体

（a）串级式

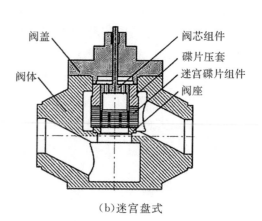

阀盖
阀体
阀芯组件
碟片压套
迷宫碟片组件
阀座

（b）迷宫盘式

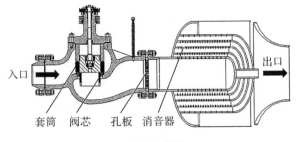

(c)多层套筒式

图 1-4 多级减压阀结构形式

此外,杭州华惠阀门有限公司还自主研发了一种采用单座套筒配合波纹型多孔节流网罩的新型二级减压阀结构。该结构降低了 32.15％的最大交变应力,使得阀内密封面的受力状况得到了改善,减少了阀门泄漏量;流量调节范围可达 10％~100％[21]。

双座式减压阀阀内设有两个阀座[22],如图 1-5 所示。双座式减压阀能在保证阀门工作压差的同时,减小阀内单个阀座的流量,减小单个阀杆阀芯的受力,因此能更好适应高参数工况。相较于单柱塞式结构减压阀,双座式减压阀减少了阀杆处的机械摩擦,降低了阀门噪声,且动作平稳,基本不会出现卡死现象;相较于笼罩式阀芯结构减压阀,双座式减压阀更为简单,其阀芯和阀座在高压下不容易变形。因此双座式减压阀也有着较为广泛的应用。表 1-2 为上述三种减压阀的优劣对比。

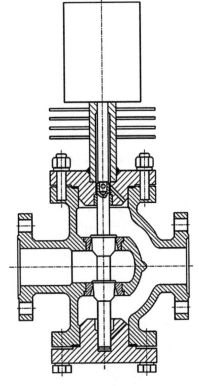

图 1-5 双座式减压阀

表 1-2　三种蒸汽减压阀对比

比较	单柱塞式减压阀	笼罩式减压阀	双座式减压阀
结构特点	采用单柱塞＋孔板减压结构；阀瓣处开设流道，阀体内采用曲线形多孔钟罩；大直径阀杆	采用笼罩式阀芯，通过套筒内阀瓣运动控制蒸汽压力流量；可设多级节流降压结构	采用双座式结构
优势	能在工作压力≥10MPa、工作温度≥540℃的严苛工况下使用；阀杆强度高，抗振性强；密封性好	控制精度高；噪声小；可抑制阀芯处空化现象；避免阀座及阀体受冲击	减小单个阀座流量，降低阀杆受力，适应高参数工况；结构简单，阀芯阀座在高压下不易变形
缺陷	振动噪声大；结构较为复杂	只适用于低参数工况；结构复杂	控制精度较低；密封困难

2. 减温机构

在减温减压装置中，减温机构将减温水进行雾化形成水雾，与过热蒸汽充分混合以降低蒸汽温度。因此，减温水雾化效果决定了减温机构的减温性能和使用寿命，而减温机构的结构又是影响减温水雾化效果的主要因素。

我国早期的减温机构沿袭了苏联的结构形式，主要由给水分配阀、固定喷嘴、节流装置等组成。这种结构存在较多问题，包括：①固定喷嘴面积不可调，当蒸汽量变化时无法做出相应调整；②喷水量由给水分配阀调节，要求水源压力在一定范围内高于蒸汽压力才能使用；③给水分配阀阀内漏量较大，导致减温减压装置可调比过小，只能在 50%～100% 负荷工况下使用；④减温水雾化效果差，致使最低可调温度偏高，减温后的蒸汽最低温度只能调到比饱和蒸汽温度高 15℃ 以上[23]；⑤结构复杂，体积大，成本高，从制造、安装到后期维修维护都较为困难。

为了解决减温机构中减温水雾化效果差、与过热蒸汽混合不充分等问题，一系列新型减温机构应运而生，这些减温机构根据结构可分为可调雾化喷嘴型减温机构和文丘里喷嘴型减温机构。

可调雾化喷嘴型减温机构可直接安装在蒸汽管道上，减温机构根据入口蒸汽参数的变化，由执行机构控制喷嘴的开度和数量，以精确调节喷水量。喷嘴按流量布置,根据流量的大小逐渐开启,以保证减温水始终以完全雾化的方式喷入蒸汽管道[24]。可调雾化喷嘴型减温机构根据使用喷嘴的结构形式和数量的不同可分为两种,即可变截面式多喷嘴减温机构和弹簧可调环形喷嘴减温机构。其中可变截面式多喷嘴减温机构流量调节比大,可达 20:1,而弹簧可调环形喷嘴减温机构调节比小,但结构更为简单[25]。

当喷水量大于蒸汽量的 25%,或当减温水压力低至二次蒸汽管线压力 0.4MPa 时,可采用文丘里喷嘴型减温机构。文丘里喷嘴型减温机构是基于文丘里效应设计的减温机构,其雾化液滴的大小主要取决于气体压力及流量[26]。文丘里喷嘴型减温机构可以强化减温水的雾化效果,并使减温水与过热蒸汽更好混合。

过热蒸汽流经减温机构渐缩部位时,其流速增加,压力降低,在喉部时流速达到最大值。由于文丘里效应,高速蒸汽产生振动,并强制减温水旋转喷入蒸汽管道,强化了蒸汽与减温水之间的传热和减温水的雾化效果。喷入管道的减温水全部汽化并与蒸汽混合,不会对混合处管道产生冲击,无须安装任何的保护衬垫[27]。

第三节　减温减压装置关键技术研究方法

1. 流动特性分析

减压阀阀内流动特性分析一直是研究热点,浙江大学特种控制阀研究团队对其进行了细致的研究。Jin 等[28]提出了一种新型孔板减压阀,如图 1-6所示。

该减压阀结构采用阀体和孔板结构改进方法,可以减少能量损失,提高蒸汽流动性能。Chen 等[29]针对不同结构参数,包括阀门开度、孔板直径、套筒直径、孔板倒角半径、孔板压力比和开孔板级数对孔板减压阀可压缩湍流流动和能耗的影响进行了数值研究。侯聪伟等[17]考察了笼罩式阀芯和节流孔板的间距对节流特性的影响,指出随着节流孔板位置的下移,湍流耗散率不断增大,而随着流场最低温度的不断升高,笼罩式阀芯处的减压效果会逐渐下降。为了优化旁路系统减压阀阀体结构以提升其在高参数工况下的安全性能,Chen 等[30]采用流固耦合的方法对某高压旁路系统减压阀的承压热冲击强度进行了分析,并进行了结构改进以提高高压减压阀的调节性能。

由此可见,目前国内减压阀的流动特性分析技术已经达到了较高的水平,并且能较好地运用到实际产品的设计与改进中。

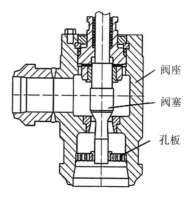

图 1-6　新型孔板减压阀结构

2.双座式减压阀密封技术

双座式阀门结构存在一个重要缺陷:由于加工精度的问题,其难以同时保证阀芯和阀座间两个密封面紧密接触,因此极易发生泄漏。泄漏会破坏阀门内部的力平衡系统,降低阀体内启闭件的灵敏性,使减压阀动作缓慢迟钝。即使是微量的泄漏,也会影响阀的输出压力,从而造成阀的失效[31]。为此,李长松等[32]设计了一种笼式双座蒸汽减压阀,其阀座结构如图 1-7 所示。

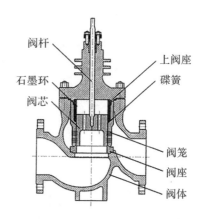

图 1-7　笼式双座蒸汽减压阀结构

该减压阀阀芯的上下两面都是锥形密封面,分别与上下阀座的锥形密封面紧密接触,上阀座与阀笼连接处安装了碟簧,使阀芯向下运动后阀芯与下阀座密封面紧密接触,上阀座与阀笼间的密封性能由其间的石墨环保证。此外,梅奎等[33]设计了一种阀瓣与阀杆之间的连接结构,以解决双阀座减压阀内阀瓣松动脱落的问题,大大减少了检修次数。

3.减温机构优化设计

由于减温机构内涉及多相流动,且流体流动速度快,湍流程度大,因此对减温机构进行优化设计十分困难。目前,针对减温机构的优化设计主要集中在喷嘴结构优化设计和新型减温结构设计等方面。目前国内应用于减温机构的可调雾化喷嘴主要是压力式雾化喷嘴,即通过控制供水压力和出水孔径来实现水的雾化,因此一般喷嘴设计的目的是基于高压雾化的原理,通过减小出水口径和增大出水压力来提高其减温水雾化能力[34]。而事实上,较小的出水口径和较高的出水压力不仅会极大地提高成本,还易引起喷嘴堵塞和对蒸汽水雾混合管道产生严重冲击,因此研究人员将目光投向了如何提高喷嘴调节性能上。王荣[35]利用离散相模型研究了喷嘴喷出的减温水水雾与蒸汽混合的情况,分析比较不同混合距离横截面上蒸汽的温度分布,得到了设计参数下喷水减温的最佳混合距离,并指出喷嘴喷射角度为钝角时减温效果要好于锐角。孙丽等[24]设计了一种集减温水压力、流量调节于一体,并可实现多级压力调节的伞状雾化可调喷嘴。该喷嘴具有极细的雾化效果,可有效避免积水对高温高压管道的破坏。张明等[36]改进设计了一种具有止回和关闭功能的旋转雾化可调喷嘴,实现了定压喷射,在喷射过程中,其水珠旋转雾化粒达 $300\sim500\mu m$,并能自适应调节雾化水量。

由于文丘里结构能强化减温水雾化效果,并使水雾与蒸汽充分混合,因而被广泛应用于新型减温机构的设计中。袁舒欣等[37]对文丘里喷管进行了研究分析,通过实验,发现在雾化喷嘴中应用文丘里喷管可有效增加水雾中小颗粒液滴的比例。Wang 等[38]为了强化传热效率,设计了如图 1-8 所示的减温装置。

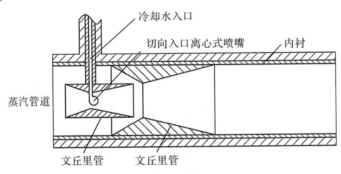

图 1-8　新型喷雾减温装置

该装置的结构特点在于采用了两级文丘里管,离心喷嘴与单级文丘里管的结合优化了喷嘴的喷射效果,延长了减温水的使用范围。喷嘴喷射效应增大了收缩区与喉道区之间的压差,强化了文丘里效应。由于其结合了离心喷嘴和两级文丘里管,因此喷淋雾化效果更好,蒸汽温度可调范围更大,可以适应较大的蒸汽负荷变化,从而保持工作稳定。杭州华惠阀门有限公司提出了一种多级调节阀配合自动雾化伞状可调喷嘴进行减温的高精度减温机构,该机构采用了高压差多级调节阀进行粗调,并配合文丘里管内设有的自动雾化伞状可调喷嘴进一步细调,使减温水射速保持恒定;同时,文丘里管喉部较高的蒸汽流速可改善减温水雾化效果,从而优化减温效果,扩大流量调节范围。该技术可使出口温度调节精度达到±2℃[21]。

但需要指出的是,由于文丘里管喉部直径是固定的,该结构仅在大流量工况时能产生较好的减温水雾化效果及蒸汽与减温水混合效果,而当面临小流量工况时,并不能起到很好的减温作用。因此,如何使文丘里管喉部直径随着蒸汽流量改变而改变,是目前难以解决的一个问题。

此外,由于减温水喷嘴处两相流流场极其复杂且不稳定,因此研究困难,导致目前国内缺乏对减温机构内部流场的研究分析。实际上,对减温机构内流场进行分析不仅可以从机理上指导结构的优化设计从而提高减温效率,还能对许多减温机构的失效现象从原理上进行解释,以便从根源上解决问题。

4. 减温减压装置降噪减振技术

减温减压装置的降噪减振技术一直受到专家学者的重视。振动会使机械设备产生较大的动载荷,从而严重影响设备的工作性能和寿命;巨大的噪声不仅会损坏设备,而且会置操作人员于极差的工作环境之中,危害其身体健康,并且巨大的噪声也会引发振动。因此,标准 NB/T 47033—2013《减温减压装置》规定,减温减压装置中的总体噪声水平应不大于 85dB(A)[39]。减温减压装置中的振动噪声主要来源于减压机构和减温机构。在减压机构中,流体流经节流元件如阀芯和孔板时,压力迅速降低,发生超声速流动,导致减压阀内气体的湍流程度加剧并产生较大噪声[40]。减压阀在高压差工况下工作时,蒸汽压力变化和剧烈的湍流流动极易引起整个管路系统的振动,同时产生巨大的噪声。针对减压阀噪声问题,陈立龙等[41]指出,阀内噪声强弱与湍流程度有关。降低减压阀内噪声一般的方法有:①在减压阀内增设消声器,如多孔板或多孔网罩等;②改进阀门结构以得到更小的噪声。近年来专家学者在减压阀降噪方面的研究如表 1-3 所示。

表 1-3　减压阀降噪技术研究进展

序号	研究者	降噪技术	研究内容
1	Alenius 等[42]	多孔板	孔板流动与声波间的耦合作用
2	Lin 等[43]	多孔板	多孔结构在抑制喷流噪声方面的作用
3	Wei 等[44]	多孔板	利用数值模型验证多孔板降噪性能
4	Ouédraogo 等[45]	单孔板	计算不同消声器结构最大总声透射损失并进行比较
5	Qian 等[46]	厚穿孔板	预测不同厚度多孔板的传输损耗,分析其噪声控制性能
6	陈富强等[47]	多孔板	分析高参数减压阀中的多孔板内热应力
7	Stadnik 等[48]	多孔板	分析孔板消声器对减压阀静动态特性的影响
8	Youn 等[49]	结构改进	将孔板结构改为径向狭缝结构
9	邵海燕等[50]	结构改进	改进阀芯、套筒进行结构,并改变了阀芯的极限运动行程
10	Liu 等[51]	结构改进	改进对阀笼和阀腔结构

振动可根据频率的大小分为:频率小于 1000Hz 的低频振动、频率为 1000~5000Hz 的中频振动和频率大于 5000Hz 的高频振动。在减温减压装置中,振动一般包括机械振动和流激振动。机械振动指由于流体与零件碰撞和零件与零件碰撞而产生的振动,为低频振动,危害较小,且相对容易控制;流激振动指当设备的固有频率与流体的激励频率一致时引起的共振,为高频振动。高参数蒸汽在通过减压阀后不但会产生巨大的噪声,还会引起剧烈的高频振动,高频振动会严重损害装置内零部件,缩短装置寿命,是制约减温减压装置高参数化发展的重要因素。Erdödi 等[52] 通过计算流体动力学的方法扩展了对减压阀内声耦合不稳定性的研究范围,研究了一种会导致阀门震颤的四分之一波的不稳定性。张雷[53] 通过实验研究发现,随着喷入减温减压器的水蒸气参数的升高,管壁的振动总有效值会越来越高。针对这一问题,目前国内主要的解决方法有采用多级减压结构和增大阀门口径,这些解决方法从阀门结构设计上来减小振动,同时也能起到部分降噪的作用。张明等[36] 对各类典型结构的蒸汽减压阀进行试验,发现采用高减压比的多级节流降压结构能提高蒸汽减压阀减压性能,且无明显振动发生。凤建刚[54] 围绕某公司烯烃装置内高压蒸汽减压阀的振动问题,对阀芯、套筒和密封环等部件进行设计改造,使得阀杆处平均振幅由 318μm 降至 122μm。

在减温机构中,减温水遇到高温蒸汽后会迅速汽化形成两相流,引起强烈振动和高噪声[55],并影响整个管路系统。若喷出的减温水与管壁面发生直接接触,则会导致该处壁面出现热疲劳损伤,产生裂纹。振动又会加快裂纹的扩散,最终导致失效。减温机构内的振动噪声问题不如减压机构中的严重,故并未引起太多的重视。然而由于减温机构内部流场的复杂性,对其进行振动噪声研究难度不比减压机构低,因此成为目前减温减压装置的一个主要技术难题。

5. 减温减压阀设计计算与寿命估算

对减温减压阀进行设计计算和寿命估算是保证其正常运行和实现安全生产的前提。王群慧等[56]对汽机旁路系统中的减温减压阀阀体三维瞬态温度场和应力场进行了分析,由于高温蒸汽与减温水在阀体内侧的阀座处相遇,因此该处的温度变化特别剧烈,流动压差大,剪应力也较大。郑红丽[57]以某电厂减温减压站的减温减压阀为例,介绍了减温减压阀内减温水流量、多级减压流通能力和减温水喷管流通能力的设计计算方法,为后续研究提供了参考。早期减温减压阀的寿命估算主要依据减温减压阀中各个零件材料的低周疲劳特性,该方法虽然简单方便,但并不准确。钟世梁等[58]以600MW 发电机组汽机旁路系统为研究对象,通过计算后认为对该减温减压阀的使用寿命估算应以考虑高温蠕变破坏为主,并采用 θ 函数法对阀体的使用寿命进行了估算,得到了阀体的最大应力值以及出现的位置。

多年来针对减温减压阀进行设计计算和寿命估算的方法研究和案例分析较少,虽然目前已有的方法能基本满足工业需要,但如何进一步提高设计水平和寿命估算精度仍需要更深入的研究。

6. 减温减压阀结构优化设计

减温减压阀长期处于高温高压的工作环境之中,因此其阀体和阀内零部件极易发生蠕变与过热氧化。此外,由于减温水直接喷入阀内与过热蒸汽混合,接触瞬间会对阀体产生巨大的冲击,并引起阀体和阀内零部件产生热应力和热疲劳损伤,导致阀门寿命缩短,严重时可能会危害整个管路系统,造成巨大的损失。因此,如何对减温减压阀进行结构优化,从而在提高其性能参数的同时延长其寿命是研究的重点。

国内的减温减压阀主要是笼罩式双阀座结构。该结构带来的问题主要有:①蒸汽中带有的杂质容易附着在阀笼上造成堵塞;②难以保证密封。针对阀笼堵塞问题,袁伟超[59]指出在阀内加装滤网过滤杂质是一个最佳的选择。张文福等[60]设计了一种能及时有效地排出杂质,防止阀门失效卡死的高温高压减温减压阀。而对于密封问题,李新全等[61]发明了一种全密封减温减压阀,该阀门在关闭状态下密封性能好,且减温控制精度高。针对套筒式结构中套筒容易失效的问题,李广军[62]研制了一种喷水型减温减压阀,其结构如图 1-9 所示。该结构将文丘里管应用到了减温减压阀中,有效解决了套筒式结构中套筒容易失效的问题。

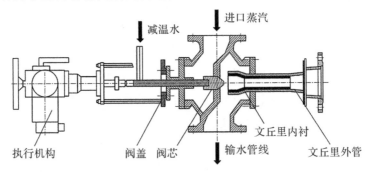

图 1-9　喷水型减温减压阀

此外,与减压阀类似,减温减压阀内也存在着过热蒸汽的高速湍流,会引发严重的振动与噪声。并且由于减温减压阀内部采用了多级小孔以实现节流降压,其流道具有典型的缩颈特征,在高压差下更加容易产生强振动和高噪声问题[63]。虽然可以借鉴减压阀的减振降噪技术,在减温减压阀内增设消音装置(如套筒、孔板等结构),但由于减温减压阀内还同时进行着减温过程,工况更为复杂,极大地增加了减振降噪的难度。

一体式减温减压装置相比于分体式,除了在占地面积和成本上有优势之外,其减温效果也强于分体式中的减温机构,这是因为减温减压阀阀瓣后部蒸汽流速大,更有利于减温水的汽化。而当进口蒸汽参数超过 9.81MPa、540℃时,减温减压阀的可靠性就会急剧下降,这也成了一体式减温减压装置发展的主要瓶颈之一。另外,材料问题也是目前亟待解决的问题。良好的材料会延长减温减压装置在高参数工况下的使用寿命,但一些高温环境下使用的材料(如镍基合金)价格高且缺少相关标准,因此在国内很少使用。

第四节 结论与展望

多年来,我国减温减压装置的研发生产水平有了显著的进步,并且建立了一套比较完整的设备设计、研制和生产体系。从高参数工况适应能力、精度控制情况、降噪减振水平、自动化程度等方面来看,其都达到了国际先进水平。但随着现代工业向着高参数、大型化、精细化、智能化方向发展,减温减压装置的使用工况越来越严苛,对减温减压装置的要求也越来越高。为了提高我国工业水平尤其是促进能源行业的发展,本书提出如下未来减温减压装置的主要研究方向。

(1)复杂工况下减温减压装置内蒸汽超临界流动特性分析,尤其是针对减温机构和减温减压阀内的蒸汽流动特性分析。

(2)减温减压装置密封结构设计,主要针对双座式结构的减压阀和减温减压阀的密封结构设计。

(3)复杂工况下减温减压装置降噪减振技术,包括减压阀降噪减振结构设计,以及减温机构振动噪声机理研究。

(4)减温减压装置结构优化设计,主要包括流量自适应型文丘里减温机构、其他新型减温机构和减温减压阀的研发与应用。

(5)高温材料的研究与应用,包括已有高温材料的标准制订与完善和其他新型高温材料的研发与应用。

减温减压装置设计

减温减压装置主要用于对从电站锅炉、工业锅炉以及热电厂供热机组的抽、排汽等处输送来的一次蒸汽进行减温减压,使其二次蒸汽的压力温度达到用汽设备的要求,满足用户需要。减温减压装置如图2-1所示。减温减压可以理解为两个独立的过程,即喷水减温过程和等焓节流减压过程。在实际应用中,这两个过程可以同时进行,即在节流减压过程中同时喷入减温水减温;也可先后分别进行,即先减压、后减温,或先减压、后减温、再减温。对次高压以下参数($P_1 \leqslant 5.4\text{MPa}, t_1 \leqslant 510℃$),一般采用减温减压一体式结构。减温减压一体式典型结构如图2-2和图2-3所示。而高温高压及以上参数($P_1 \geqslant 9.8\text{MPa}, t_1 \geqslant 540℃$),一般采用减温减压分体式结构,减温减压分体式典型结构如图2-4至图2-9所示。

减温的基本原理是将减温水直接喷入过热蒸汽,经喷嘴雾化的减温水从蒸汽吸收热量,升温,汽化,与蒸汽混合,从而降低蒸汽温度。减压是通过改变减压阀节流通道的大小,提高蒸汽的流速,从而达到降低流体压力的目的。

经减温减压后的蒸汽需要通过安全保护装置进行过压保护,安全保护装置通常采用安全阀进行超压安全保护。安全阀一般采用弹簧式安全阀、或冲量安全阀加主安全的阀结构形式。

图 2-1 减温减压装置

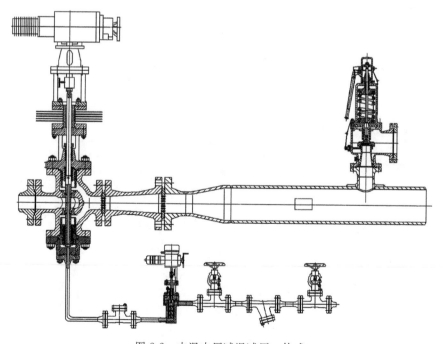

图 2-2 中温中压减温减压一体式

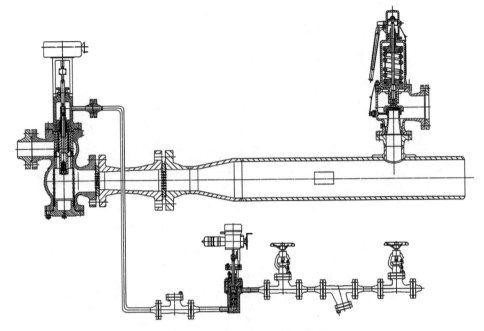

图 2-3 次高压减温减压一体式

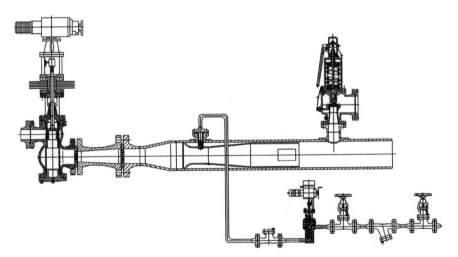

图 2-4 次高压减温减压分体式

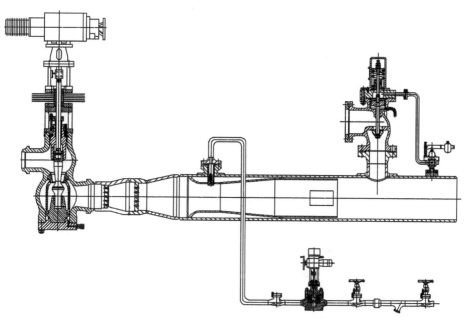

图 2-5　高温高压减温减压分体式之一

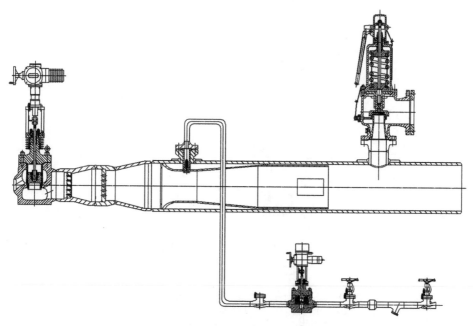

图 2-6　高温高压减温减压分体式之二

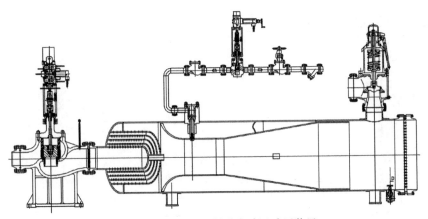

图 2-7　超大减压比低噪声减温减压装置

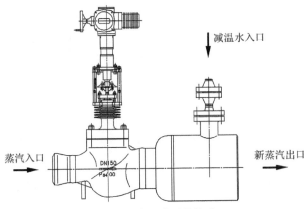

图 2-8　减温减压分体式

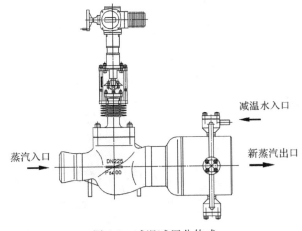

图 2-9　减温减压分体式

第一节 减温系统设计

1.喷水减温装置的基本原理

喷水减温装置又称混合式减温器,在现代化工、冶金、食品、轻工、制药等工业领域应用广泛,尤其在现代大容量电站锅炉和其他类型的锅炉上更是得到广泛应用。其减温的基本原理为将减温水直接喷入过热蒸汽,经喷嘴雾化的减温水滴从蒸汽吸收热量,升温,汽化,与蒸汽混合,从而降低蒸汽温度。以图 2-10 为例,根据热力学第一定律,将蒸汽和减温水混合节流过程看作绝热过程,即边界层没有发热和能量损失,进入减温装置的能量与减温装置出口相同,可用下式表示:

$$h_1 q_s + h_b q_b = h_2(q_s + q_b) \tag{2-1}$$

经整理得

$$q_b = \frac{h_1 - h_2}{h_2 - h_b} q_s \tag{2-2}$$

式中:h_1——减温前蒸汽焓,kJ/kg;

h_2——减温后蒸汽焓,kJ/kg;

h_b——减温水焓,kJ/kg;

q_b——减温水流量,t/h;

q_s——进口蒸汽流量,t/h。

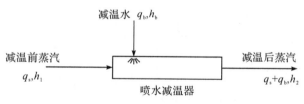

图 2-10 喷水减温系统热平衡示意

必须指出,根据式(2-2)求得的减温水量是理论值,实际减温水量必须大于计算值,也就是说,实际减温水量必须有一定的富余度,但也不宜过多。富余度的大小根据蒸汽流动情况和减温后蒸汽温度接近饱和温度的程度及减温水的雾化情况来确定,即应由减温装置结构性能的好坏和减温所需达到的温度来确定该减温装置实际工况下的减温水量。

由式(2-2)可以看出,喷入的减温水量与需要减温的蒸汽量和减温幅度成正比。其他条件不变时,减温水量随蒸汽压力上升而增大,因为蒸汽压力高时,不仅汽化热变小,而且蒸汽的比热增大,在相同的减温幅度下,蒸汽给出更多的热量。

喷水减温装置具有下列优点。

(1)减温幅度大,可以达到100℃以上。对减温幅度的唯一限制是减温后的蒸汽温度不能过于接近饱和温度,至少要高出饱和温度5℃,否则喷入的减温水将不能完全汽化。

(2)蒸汽经过减温装置的压力损失小。根据测量结果,压力损失一般为0.05MPa。这对电站锅炉过热系统上的减温装置是十分重要的,因为大容量电站锅炉上串接布置几级减温装置,其压力损失的大小将影响到整个过热器系统的压力损失。

(3)蒸汽的温度调节灵敏,易于实现调节自动化。这种减温装置热惯性很小,因此从喷水调节阀开启到减温装置出口蒸汽温度开始变化的延迟时间为5~10s。图2-11是一台高压锅炉用喷水减温装置的动态特性曲线。

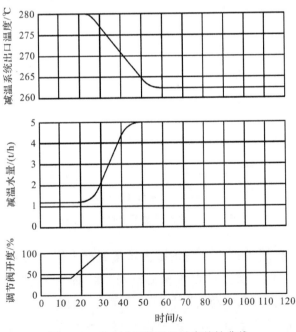

图 2-11　喷水减温装置的动态特性曲线

（4）设备简单。喷水减温装置总是在过热器的中间联箱或蒸汽管道间喷入减温水，因此没有复杂的设备。

喷水减温装置的最大特点是减温水直接与蒸汽混合，这就对减温水的品质提出了严格要求。

向饱和蒸汽或微过热蒸汽喷水是不合适的，因为部分蒸汽在水滴表面冷凝，使水滴不断增大，以致从蒸汽中分离出来。这对于喷水减温后的蒸汽再进入下一级过热器的情况是很不利的，因为这有可能使下一级过热器各蛇形管入口的蒸汽湿度各不相同，从而造成单管蒸汽温度的严重偏差。

电站锅炉用的单级喷水减温系统如图 2-12（a）所示。在没有多级过热器的系统中，为了改善系统的温度工况，通常设置多级（一般为两级）喷水减温装置，并将其布置在各级过热器之间，如图 2-12（b）所示。这种布置一方面可使末级过热器选择较小的尺寸，达到灵敏调节蒸汽温度的目的，另一方面将一部分喷水向前移，可以保护中间各级过热器，避免管壁超温。

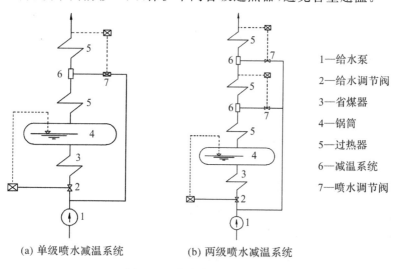

(a) 单级喷水减温系统　　　　(b) 两级喷水减温系统

1—给水泵
2—给水调节阀
3—省煤器
4—锅筒
5—过热器
6—减温系统
7—喷水调节阀

图 2-12　喷水减温系统示意

在各级过热器之间喷水减温即在减温装置前的过热器中减少蒸汽量。因此，为了降低锅炉出口温度，在增大喷水量的同时，喷水点前的蒸汽温度反而升高了。当蒸汽需要大量喷水减温时，喷水量的增加反过来使减温装置入口的蒸汽温度升高，这是喷水减温装置的缺点。因此，喷水减温装置在过热器系统中的位置十分重要。在如图 2-12（a）所示的单级喷水减温系统中,考虑到较小的热惯性和高热焓蒸汽对减温水的有利条件,喷水减温装置应尽可能布置在接近过热器系统的末端;然而从喷水减温前蒸汽温度升高的角度来看,喷水减温装置应尽可能布置在接近过热器系统的始端。因此,必须综合考虑。

在如图 2-12(b)所示的两级喷水减温系统中,减温水取自锅炉给水调节阀前的给水管道,这样就使一部分给水(作减温水用)不经省煤器,使得锅炉排烟温度升高,锅炉的排烟损失增大,且这部分给水也不流经给水调节阀而进入锅炉。为了使喷水量不干扰给水流量的测定,喷水管路应在给水流量计后引出。

在电站锅炉用的再热器系统中也设有喷水减温装置。但喷入的减温水仅在汽轮机的中、低压缸内做功,而不流经汽轮机的高压缸,因而使机组热力系统的循环效率降低。例如:在定压运行的超高压机组中,再热器系统中每喷水 1%(以锅炉额定负荷计),热力系统的循环效率降低 0.1%~0.2%。因此,在再热器系统中不宜采用喷水减温装置作为调节温度的主要方法,这并不是喷水减温装置本身有缺陷,而是机组热力系统的要求,因此喷水常只作为细微调节和事故保护之用。

2. 减温水的水质标准

喷水减温器的最大特点是减温水直接与蒸汽接触、汽化后成为蒸汽的一部分。因此,减温水水质的好坏将直接影响到减温后的蒸汽品质,为此,行业历来对减温水水质有严格要求。减温水的品质不能低于蒸汽的品质,不能因喷水减温而玷污了蒸汽,使蒸汽品质下降。

GB/T 12145—2016《火力发电机组及蒸汽动力设备水汽质量》规定,当锅炉蒸汽采用混合式减温时,其减温水质量应保证减温后蒸汽中的钠、二氧化硅和金属氧化物的含量符合蒸汽质量标准。因此,减温水必须经过预先处理,尽可能除去其中的杂质。减温水喷入减温装置内会与高温蒸汽混合,即减温水加热蒸发,此时水中难溶的钙、镁化合物将形成水垢,牢固地粘结在喷嘴孔壁,时间稍长,孔面积缩小,阻力增大,减温装置将无法调节所需蒸汽流量和出口压力。因此,要求有良好的减温水水质。

表 2-1 列出了锅炉出口蒸汽质量要求,锅炉给水质量标准如表 2-2 所示。

表 2-1　锅炉出口蒸汽质量

过热蒸汽压力/MPa	钠/(μg/kg)	二氧化硅/(μg/kg)	铁/(μg/kg)	铜/(μg/kg)
3.8～5.8	≤15	≤20	≤20	≤5
5.9～15.6	≤5	≤15	≤15	≤3
15.7～18.3	≤3	≤15	≤10	≤3
>18.3	≤2	≤10	≤5	≤2

表 2-2　锅炉给水质量

控制项目	过热蒸汽压力/MPa					
	汽包炉				直流炉	
	3.8～5.8	5.9～12.6	12.7～15.6	>15.6	5.9～18.3	>18.3
铁/(μg/L)	≤50	≤30	≤20	≤15	≤10	≤5
铜/(μg/L)	≤10	≤5	≤5	≤3	≤3	≤2
钠/(μg/L)	—	—	—	—	≤3	≤2
二氧化硅/(μg/L)	应保证蒸汽二氧化硅符合表2-1规定			≤20	≤15	≤10
氯离子/(μg/L)	—	—	—	≤2	≤1	≤1
TOCi/(μg/L)	—	≤500	≤500	≤200	≤200	≤200

工业锅炉水质要求应符合 GB/T 1576—2018《工业锅炉水质》的规定，水质标准要求如表 2-3 至表 2-7 所示。

表 2-3　采用锅外水处理的自然循环蒸汽锅炉和汽水两用锅炉水质

锅炉蒸汽压力/MPa	p≤1.0	1.0<p≤1.6	1.6<p≤2.5	2.5<p<3.8
浊度/FTU	≤5.0	≤5.0	≤5.0	≤5.0
硬度/(mmol/L)	≤0.030	≤0.030	≤0.030	≤5.0×10^{-3}
pH(25℃)	8.0～9.5	8.0～9.5	8.0～9.5	8.0～9.5
溶解氧/(mg/L)	≤0.10	≤0.05	≤0.05	≤0.05
油/(mg/L)	≤2.0	≤2.0	≤2.0	≤2.0
全铁/(mg/L)	≤0.30	≤0.30	≤0.10	≤0.10

表 2-4　单纯采用炉内加药处理的自然循环蒸汽锅炉和汽水两用锅炉水质

水样	项目	标准值
给水	浊度/FTU	≤20.0
	硬度/(mmol/L)	≤4.0
	pH(25℃)	7.0～10.5
	油/(mg/L)	≤2.0

表 2-5　采用锅外水处理的热水锅炉水质

水样	项目	标准值
给水	浊度/FTU	≤5.0
	硬度/(mmol/L)	≤0.60
	pH(25℃)	7.0～11.0
	溶解氧/(mg/L)	≤0.10
	油/(mg/L)	≤2.0
	全铁/(mg/L)	≤0.30

表 2-6　单纯采用炉内加药处理的热水锅炉水质

水样	项目	标准值
给水	浊度/FTU	≤20.0
	硬度/(mmol/L)	≤6.0
	pH(25℃)	7.0～11.0
	油/(mg/L)	≤2.0

表 2-7　贯流和直流蒸汽锅炉水质

锅炉类型	贯流锅炉			直流锅炉		
锅炉蒸汽压力/MPa	$p \leqslant 1.0$	$1 < p \leqslant 2.5$	$2.5 < p \leqslant 3.8$	$p \leqslant 1.0$	$1 < p \leqslant 2.5$	$2.5 < p \leqslant 3.8$
浊度/FTU	≤5.0	≤5.0	≤5.0	—	—	—
硬度/(mmol/L)	≤0.030	≤0.030	$\leqslant 5.0 \times 10^{-3}$	≤0.030	≤0.030	$\leqslant 5.0 \times 10^{-3}$
pH(25℃)	7.0～9.0	7.0～9.0	7.0～9.0	10.0～12.0	10.0～12.0	10.0～12.0
溶解氧/(mg/L)	≤0.10	≤0.05	≤0.05	≤0.10	≤0.05	≤0.05
油/(mg/L)	≤2.0	≤2.0	≤2.0	≤2.0	≤2.0	≤2.0
全铁/(mg/L)	≤0.30	≤0.30	≤0.10	—	—	—

　　由于对减温水品质要求较高,因此减温水的来源需要合理选取。如表 2-1 和表 2-2 所示,由于现代水处理技术的进步,直流锅炉的减温水可以直接取自给水系统;某些锅筒式锅炉的给水质量也达到与直流锅炉相同的指标,因此减温水也可以取自给水管路,以给水喷入蒸汽减温,不会影响蒸汽的质量。同时从给水泵后抽取减温水,给水与过热蒸汽之间的压力差作为喷水压头绰绰有余。对于高压、超高压、亚临界和超临界机组的冷凝式电站,给水是汽轮机的冷凝水,给水质量能满足减温水的要求,因此也可以用给水作为减温水。

3.喷水减温装置的分类和结构

喷水减温装置的结构有很多类型,但所有结构的基本思路都是一样的,即要使喷入蒸汽的减温水尽快汽化,使蒸汽降温过程尽可能在最短的行程内完成。要使减温水尽快汽化,首先要使减温水得到良好的雾化,使其达到最大的表面积。根据这一基本思想,工程人员设计了各种类型的减温装置。减温装置按结构可分为四大类:多孔式喷水减温装置、漩涡式喷水减温装置、文丘里管喷水减温装置和自动雾化可调喷嘴减温装置。

(1)多孔式喷水减温装置

在多孔式喷水减温装置中,减温水通过一组小孔喷入蒸汽。这类减温装置利用高喷水压头,使减温水在通过喷孔时雾化,减温水的压力损失转换成雾化所需的功。

例如 1kg 减温水喷入蒸汽后,雾化所形成的表面积为 F,表面张力为 S,那么雾化所需要的功为

$$A = S \cdot F \tag{2-3}$$

式中:S——表面张力,N/m;

F——雾化所需表面积,m²。

这部分功是依靠减温水的喷水压头来完成的。以 1kg 减温水喷入蒸汽计,那么喷水压头所损耗的功为

$$A = \frac{1}{\gamma} \Delta p \tag{2-4}$$

式中:γ——减温水的密度,kg/m³;

Δp——喷水压力损耗,即喷孔前的减温水压力与蒸汽压力之差,MPa。

由式(2-3)和式(2-4)可得

$$\Delta p = \gamma \cdot S \cdot F \tag{2-5}$$

由此可以看出喷水经过喷孔的压力损耗 Δp 与雾化所形成的表面积 F 之间的关系。喷水压头越高,喷水经过喷孔的压力损失越大,减温水的雾化就越完善。多孔式喷水减温装置就是利用 Δp 进行雾化的。

常见的多孔式喷水减温装置有两种形式,即喷头式和笛形管式。

喷头式喷水减温装置由喷头和内衬混合管组成。它利用过热蒸汽的联箱或连接管道作为壳体,在联箱封头或壁上插入喷管,减温水从喷头的小孔

喷出。喷头有顺汽流喷水和逆汽流喷水两种。喷头式喷水减温装置最简单的结构如图 2-13 所示,喷头从联箱的封头伸入。喷头端面上开有若干小直径的喷孔,减温水由此喷入蒸汽。经过喷孔的水速一般较高,均为 10m/s 以上。

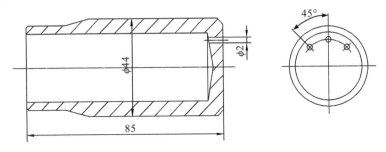

图 2-13　喷头式喷水减温装置的喷头

另一种喷头式减温装置,其减温水管从联箱壁上伸入,采用逆蒸汽流喷水。

喷头式喷水减温装置在高压锅炉上得到广泛应用。如表 2-8 所示为东方锅炉(DG300/100-1)和哈尔滨锅炉(HG220/100-1)设计的喷头式减温装置的结构数据。

表 2-8　喷头式减温装置结构数据

锅炉型号	减温装置	喷孔直径×孔数 /(mm×个)	喷水量 /(t/h)	喷水速度 /(m/s)	混合管长度 /m	喷水方向
DG300/100-1	一级	$\phi 3.5 \times 12$	11.3	16.3	5.190	逆向
	二级	$\phi 3 \times 12$	7.2	14	4.290	逆向
HG220/100-1	一级	$\phi 3 \times 3$	4	38.3	4.310	顺向
	二级	$\phi 3 \times 3$	2	19.4	4.645	顺向

喷头式喷水减温装置结构简单、制造方便。但喷孔数量受到结构的限制,无法再增加。因此,喷孔阻力较大,在大容量锅炉上的使用受到一定限制。

喷头式喷水减温装置在运行中,喷头受到高速汽流的冲击而产生振动,曾发生过断落等事故。因此,在设计和安装时要注意喷头悬臂梁的加固,如图 2-14 所示。

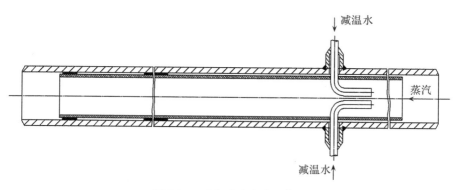

图 2-14　喷头式喷水减温装置

笛形管式喷水减温装置由笛形管和内衬混合管组成,在锅炉上也是利用过热蒸汽的联箱或连接管道作减温装置的壳体。在笛形管上,根据需要开若干小孔。大多数减温装置采用顺汽流方向喷水,但也有设计成逆汽流喷水的。喷水量小的减温装置,笛形管可以设计成单管;喷水量大的减温装置,笛形管也可以设计成双管或多管,其结构如图 2-15 和图 2-16 所示。表 2-9 列举了几台锅炉用笛形管式减温装置的结构数据。

表 2-9　笛形管式喷水减温装置结构数据

锅炉容量/(t/h)	减温装置	联箱外径×壁厚/(mm×mm)	喷孔直径×孔数/(mm×个)	喷水量/(t/h)	喷水速度/(m/s)	混合管直径×壁厚×长度/(mm×mm×mm)	混合管汽速/(m/s)
170	—	273×28	6.4×28	8.7	2.86	190.0×6×3000	36.2
921	一级	346×33	5×92	54	5.3	244.5×8×4400	32.3
	二级	295×32.5	5×18	23	5.62	193.7×8×4400	38.25

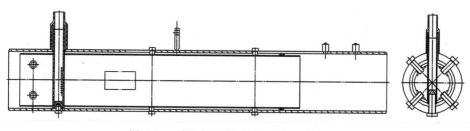

图 2-15　单根笛形管式减温装置(形式一)

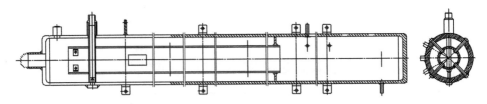

图 2-16　单根笛形管式减温装置(形式二)

笛形管式喷水减温装置结构简单,安装便利。但减温水的雾化较差,特别是在减温水水量小时,其经过喷孔的水速很低,有可能经过喷孔时减温水根本没有雾化,水滴直接落入汽流。此时,只能依靠高速汽流搅拌来粉碎水滴,并使其汽化。

多孔式喷水减温装置均设有薄壁的内衬混合管,其目的是避免雾化不完善的减温水滴对厚壁联箱或连接管道内壁的热冲击。当较粗的减温水滴落到内衬混合管上时,由于混合管蓄热惯性小,可以较容易地变化温度,并使水滴迅速汽化,在混合管上所产生的热应力不大。在联箱或连接管道与混合管之间的空间中,内衬混合管与外管采取断续焊接,一般留有 10% 不焊住以通过少量蒸汽平衡压力,使混合管不承受强度应力。混合管的温度有可能不同于蒸汽联箱或连接管道的温度,因此混合管必须能自由膨胀。通常的设计中采用汽流进口端固定,混合管可自由向后膨胀。混合管的长度应根据减温水的汽化长度来确定。

(2)旋涡式喷水减温装置

旋涡式喷水减温装置由旋涡式喷嘴、文丘里管和混合管组成,布置在蒸汽联箱或连接管道内。减温水在喷嘴中达到强烈的旋转,在离开喷嘴时依靠其离心力雾化较细的颗粒。旋涡式喷水减温装置喷出的水雾形成一伞面,与蒸汽达到充分接触,从而有效地进行热交换,使减温水的雾化长度缩短。这类减温装置的减温幅度大,雾化完善,特别适用于减温水量变化范围大的情况。但减温水经过喷嘴的压力损失较大,是该类减温装置的缺点。

旋涡式喷水减温装置的结构如图 2-17 所示。表 2-10 列出了几台锅炉上所采用的旋涡式喷水减温装置的结构数据。

表 2-10 旋涡式喷水减温装置的结构数据

锅炉容量 /(t/h)	联箱外径×壁厚 /(mm×mm)	文丘里管蒸汽流速 /(m/s)	喷水量 /(t/h)	喷孔直径 /mm	混合管直径×长度/(mm×mm)	喷水汽速 /(m/s)
410	273×26	无缩口	45.7	24.0	200×4000	16.10
	426×50	105	25.2	24.0	219×4000	8.85
380	356×36	181	13.3	16.0	260×3200	10.90
850	406×47	112	42.5	41.3	276×3660	5.70

由图 2-17 可见,在旋涡式喷水减温装置中,旋涡喷嘴和减温水管结构成悬臂结构,高速蒸汽流通过时会在其背面产生卡门涡流。如果卡门涡流的激振频率 f 与喷嘴的固有频率 f_n 相重合,即 $f/f_n=1$ 时,就会产生共振,从而导致喷嘴产生裂纹,甚至断落。因此,必须在结构上防止共振的产生。如图 2-17 所示的结构中采用了支撑钢碗的办法,钢碗下端厚,上端薄,下端与喷嘴进水管相焊接,上端紧贴管座衬圈,可以自由滑动。这样,钢碗就起到弹性吸振作用。

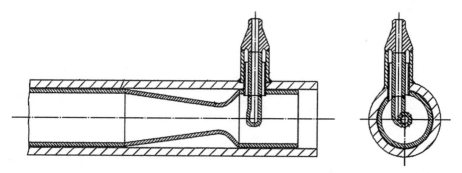

图 2-17 旋涡式喷水减温装置结构

卡门涡流的激振频率可按下式计算:

$$f = K \frac{w}{D} \tag{2-6}$$

式中:w——蒸汽绕流速度,m/s;

D——旋涡式喷嘴外径,mm;

K——斯特哈罗系数。

K 值是雷诺数 Re 的函数,各国对其都进行过较多的试验测定,美国拔伯葛公司和日本日立公司的试验结果列于表 2-11。

表 2-11　斯特哈罗系数

Re	10^2	10^3	10^4	10^5	10^6
K	0.14	0.18	0.19	0.20	0.30

在大容量锅炉的减温装置上,一般的雷诺数都在 $10^5 \sim 10^6$ 范围内,根据东方锅炉的经验,认为 K 值可选用 0.27。

旋涡式喷水减温装置喷嘴的固有频率可按下式计算:

$$f_n = 8.62 \sqrt{\frac{E \cdot I}{L^3 (m + 0.002 F_i \cdot L)}} \tag{2-7}$$

式中:E——喷嘴的纵弹性系数;

I——悬臂进水管环形端面的二次惯性矩,m^4;

L——喷嘴的总悬臂长度,m;

m——喷嘴质量,kg;

F_i——悬臂进水管断面积,m^2。

考虑到卡门涡流是对纯圆柱体而言,而旋涡式喷嘴不仅不是纯圆柱体,而且迎汽流面是一个平面,在其背面又有减温水喷出。综合这些特殊情况,同时又留有一定裕度,为了防止共振,设计中应满足 $f/f_n \leqslant 0.75$。

旋涡式喷水减温装置的另一个问题是喷水孔中心应置于减温装置联箱的中心线上,这就使减温水管伸入联箱时,必须在联箱壁上开非径向孔(见图 2-18)。此时必须对偏中心线的非径向孔进行强度校核计算。

目前,旋涡式喷水减温装置在我国的运行经验还很少,但从相关试验可知,其显示出雾化效果优良的特征。例如:谏壁电厂 410t/h 锅炉所进行的试验表明,由于雾化良好,减温水喷入后在 2m 处已完全汽化,2.5m 处已达到均匀混合。试验还测得喷孔直径为 24mm 时的喷嘴阻力系数为 4。

旋涡式喷水减温装置的内衬混合管可以用直管,也可采用文丘里管直管段,以实现减温水和蒸汽的搅拌。两者的旋涡型喷嘴是完全一样的,具体结构如图 2-18 所示。

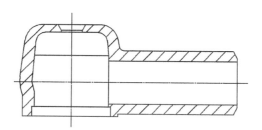

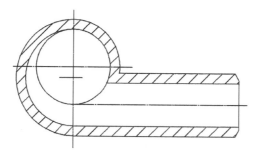

图 2-18 旋涡式喷水减温装置喷嘴

(3)文丘里管喷水减温装置

在喷水压头较小的条件下,宜采用文丘里管喷水减温装置,其结构如图 2-19 所示。在蒸汽联箱或连接管道中设置文丘里管,使缩口处的蒸汽速度达到高速(100m/s 左右)。在缩口外围有一环形减温水室,在缩口壁设有若干喷水孔。减温水管把水引入环形水室,然后经喷水孔喷入蒸汽流。

为了减少喷孔阻力,设计时经过喷孔的水速均选得较低(1~2m/s)。低速喷入的减温水立即被高速蒸汽流所粉碎,从而依靠高速汽流达到良好的雾化效果。

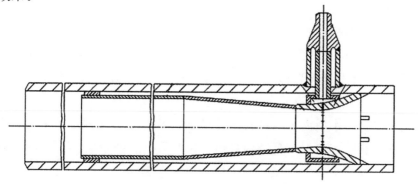

图 2-19 文丘里管喷水减温装置

文丘里管内蒸汽速度和压力的变化过程如图 2-20 所示。蒸汽进入文丘里管后随着流速上升,其压力降低,在缩口处达到最低值。蒸汽进口压力与缩口处压力差 Δp_{ej} 即为文丘里管所建立的负压,将成为减温水喷入蒸汽的附加压头。因此,这类减温装置适用于喷水压头小的减温装置。

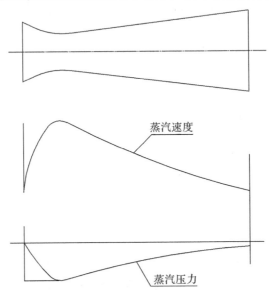

蒸汽速度

蒸汽压力

图 2-20　文丘里管内蒸汽速度和压力的变化

文丘里管喷水减温装置的另一个特点是蒸汽阻力小。如图 2-20 所示,蒸汽经过缩口后,其在渐扩管中压力逐渐得到回升。蒸汽经过文丘里管后的不可逆损失 Δp_b 较小,其值与渐扩管的角度和蒸汽流速有关。根据试验,渐扩管的最佳角度为 $6°\sim8°$。现有电站锅炉的减温装置上的 Δp_b 一般为 0.05MPa左右。

文丘里管本身还起到保护蒸汽联箱或管道的作用,其后再接上一段内衬混合管,就可避免减温水滴对联箱或管道的热冲击。文丘里管也采用进口端固定,蒸汽出口端自由伸缩的结构。其在与联箱之间的环形空间中通有少量蒸汽,以平衡汽流的压力。

文丘里管喷水减温装置在我国已广泛应用。表 2-12 列出了某锅炉厂设计的文丘里管喷水减温装置结构数据。长期运行表明,设备安全可靠,能满足所需的减温需求。

表 2-12　文丘里管喷水减温装置的结构数据

锅炉容量 /(t/h)	喷水位置	联箱尺寸 /(mm ×mm)	混合管外径 ×壁厚×长度 /(mm×mm×mm)	喷孔直径 ×孔数 /(mm×个)	缩口速度 /(m/s)	喷水量 /(kg/h)	喷水速度 /(m/s)
220	一级	273×28	155×5×3855	3×48	—	1000	0.96
	二级	325×35	180×8×2885	3×48	116.9	1000	0.96
400	一级	368×45	159×7×3875	3×54	93.0	1000	0.88
	二级	368×45	159×7×4452	3×54	125.6	1000	0.88
1000	一级	426×36	300×8×3290	3×108	135.1	2000	9.16
	二级	426×45	204×10×3554	3×72	103.0	2000	13.72

（4）自动雾化可调喷嘴减温装置

自动雾化可调喷嘴减温装置由自动雾化可调喷嘴、文丘里管和混合管组成，是目前最新的结构，其按喷嘴数量可分为单喷嘴和多喷嘴，分别如图 2-21 和图 2-22 所示。

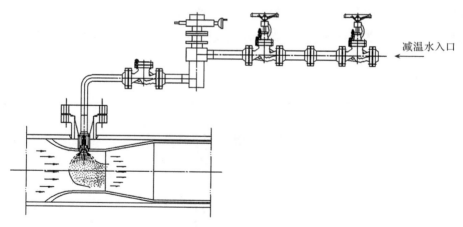

图 2-21　自动雾化可调单喷嘴减温装置

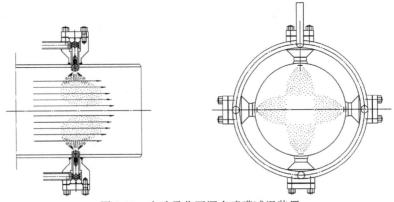

图 2-22   自动雾化可调多喷嘴减温装置

减温水经过旋转雾化自动可调喷嘴后,试验过程的雾化粒(平均水滴直径)不超过 $50\mu m$,并且分布均匀。水滴的直径越小,所需要的蒸发时间越短,汽、水混合的直管段及出口至温度测点的距离就相应缩短,因此优化了减温效果,大幅度缩短了整体装置的长度,这与配打 $1\sim 3mm$ 小孔的笛形喷嘴装置相比减温效果有较明显的改善和提高。

减温采用高压差调节阀和自动止回旋转雾化可调喷嘴组合式减温工艺技术与结构。即通过改变调节阀的流道面积对流量进行粗调,再利用管内设有的自动止回旋转雾化可调喷嘴进行细调,使减温水喷射速度保持恒定,同时利用管部较高的蒸汽流速改善雾化,从而提升减温效果,扩大流量调节范围。自动雾化可调喷嘴结构如图 2-23 所示,雾化效果如图 2-24 所示。

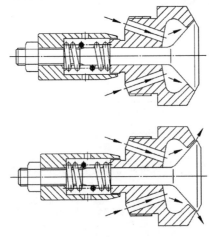

图 2-23   自动雾化可调喷嘴结构

图 2-24　雾化效果

近年来,喷嘴通过技术改进后,性能更优越,特别是在高温时的雾化性能更理想。在高温工况时的弹性元件采用了 INCONEL 材质,通过 500℃高温试验和 540℃高温高压机组的实际运行,证实了改进的有效性。目前改进的喷嘴已在高温高压装置中广泛应用,如图 2-25 和图 2-26 所示为不同弹性元件试验的高温刚度变化曲线。

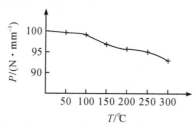

图 2-25　弹性元件 50CrVA 材质

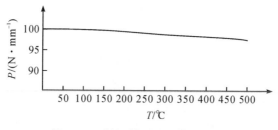

图 2-26　弹性元件 INCONEL 材质

4. 减温水的汽化长度

减温水的汽化长度是指减温水从喷水点到完全汽化所需的距离,汽化长度与减温水的雾化质量、蒸汽和减温水等有关。汽化长度是喷水减温器的重要设计数据,以此可确定喷水减温器中内衬混合管所需的长度。

减温水在减温器中经历了雾化、升温和汽化三个阶段。第一阶段是减温水经过喷嘴得到初步雾化,在这一阶段中水滴也有升温和蒸发,但主要是雾化;第二阶段是水滴在蒸汽中吸收热量,不断升高水温,这一阶段也有蒸发,但主要是升温;第三阶段是水滴汽化,与蒸汽混合,在这一阶段水滴的温度变化很小,主要是蒸发,水滴直径迅速缩小。每一阶段进展的快慢都影响到减温水的汽化长度。蒸汽温度对减温水滴汽化的快慢有很大影响,蒸汽的温度越高,与减温水的温差越大,蒸汽向水滴的热量传递也越迅速,于是水滴的汽化越迅速、越完善。

水滴的汽化快慢还受到水的表面张力和水滴内压力的影响。减温水雾化后的水滴,由于表面张力的作用,水滴内部的压力将升高,其值为

$$\Delta p = \frac{2s}{r} \tag{2-8}$$

式中:s——水滴的表面张力,N/m;

r——水滴的半径,m。

从式(2-8)中可以看到,喷雾的水滴越细,即半径 r 越小,水滴的内压力越高,水滴内的沸点也越高,就越难以汽化。但水滴的内压力高低还取决于表面张力的大小,而表面张力又与温度有密切关系。水温越高,表面张力越小,水滴的内压力也就降低。水滴细,虽然其内压力有所增高,但水滴与蒸汽的接触面大为增加,可以得到充分的热交换,水温迅速升高。随着水温的升高,表面张力减小,当水温达到临界温度时,表面张力为零,水滴的内压力将完全消失,汽化将特别迅速。因此,减温水雾化得越细,对其汽化越为有利。

蒸汽温度高于 374℃(临界温度)时,雾化的水滴从蒸汽中吸收热量,较容易达到临界温度,于是就迅速汽化。蒸汽温度低于 374℃ 时,水滴由于表面蒸发使本身逐渐缩小,其内压力也就逐渐升高,水滴内的沸点也跟着升高,汽化缓慢。当水滴内的沸点达到外界蒸汽温度时,水滴的汽化速度将大大减慢或完全停止。这种情况下水滴只能被蒸汽流带走。如果经过喷水减

温器后的蒸汽流程中不再升温,那么该蒸汽将含有一定温度的水滴。在蒸汽锅炉上,若经过喷水减温器后的蒸汽进入下一级过热器,蒸汽重新得到热量而升温,那么待蒸汽温度上升到高于水滴的沸点时将重新开始汽化。

从整体上说,减温水喷入蒸汽后会经过了雾化、升温和汽化三个阶段。但在实际减温器中各水滴的三个阶段不是同步进行的,而是前后交叉、错综进行的。在汽化阶段中每一水滴还存在着三个方面的平衡关系:①热量平衡,即蒸汽传给水滴的热量与水滴汽化所需的热量平衡;②质量平衡,即水滴的汽化量与水滴体积缩小量的平衡;③能量平衡,即汽流与水滴相对速度的关系。因此,要用计算的方法求得汽化长度是十分困难的,多数减温器设计者和制造厂都采用试验的方法求得喷水减温器的汽化长度。

苏联曾对文丘里管喷水减温器的汽化长度进行过试验研究,并提出了汽化长度的经验计算公式。首先计算减温水汽化所需的时间,为

$$\tau_{qh}=4.2\times10^5\left(\frac{h_2-h'}{h_3-h''}\cdot\frac{G}{Q_1}\right)^{1.1}\left(\frac{\mu^2}{\gamma_s\cdot\sigma}\right)^{0.4}\frac{\sigma\cdot d_0^{0.6}}{\gamma_{q1}\cdot\alpha_q\cdot w_{xd}^2} \qquad(2\text{-}9)$$

式中:h_3——使喷入的减温水加热到饱和温度后的蒸汽热焓,kJ/kg;

$h_3=h_1-(h'-h_{js})\dfrac{G}{Q_1}$;

h_1,h_2——蒸汽减温前后的热焓,kJ/kg;

h_{js}——减温水的热焓,kJ/kg;

h',h''——蒸汽压力下相应的饱和水和饱和汽的热焓,kJ/kg;

Q_1——进入减温器的蒸汽流量,kg/s;

μ——蒸汽压力下饱和水的动力黏度系数,N·s/m²;

σ——蒸汽压力下饱和水的表面张力系数,N/m;

γ_s——蒸汽压力下饱和水的密度,kg/m³;

γ_{q1},γ_{q2}——减温前后蒸汽的密度,kg/m³;

α_q——在蒸汽压力和平均温度 t_{pj} 下蒸汽的导热系数,m²/s;

$t_{pj}=\dfrac{t_3+t_b}{2}$;

t_3——蒸汽将喷入的减温水加热到饱和温度 t_b 后的蒸汽温度,℃,可以从相应的蒸汽热焓 h_3 求得;

w_{xd}——相对速度,m/s;

$w_{xd}=\sqrt{w_3^2+w_{js}^2}$;

w_3——蒸汽在文丘里管缩口的流速,m/s;

w_{js}——减温水经过喷孔的流速,m/s。

但式(2-9)并不适用于所有工况,它的适用范围为

$$0.18 \leqslant \frac{h_2-h'}{h_3-h''} \cdot \frac{G}{Q_1} \leqslant 0.53, \frac{d_2}{d_3}<3 \tag{2-10}$$

在实际减温器上,$\frac{d_2}{d_3}<3$ 是可以做到的,而 $\frac{h_2-h'}{h_3-h''} \cdot \frac{G}{Q_1}>0.53$ 的工况是很难做到的,减温喷水量不可能达到如此的地步。但 $\frac{h_2-h'}{h_3-h''} \cdot \frac{G}{Q_1}<1.8$ 的工况是常见的。若 $\frac{h_2-h'}{h_3-h''} \cdot \frac{G}{Q_1}<0.18$,则减温水的汽化时间按下式计算:

$$\tau_{qh}=0.635\times10^5 \left(\frac{\mu^2}{\gamma_s \cdot \sigma}\right)^{0.4} \frac{\sigma \cdot d_0^{0.6}}{\alpha_q \cdot \gamma_{q1} \cdot w_{xd}^2} \tag{2-11}$$

从式(2-9)可以看出,喷水减温器内水滴完全汽化的时间取决于蒸汽的参数、流量、流速与减温水参数、流量、流速和喷孔尺寸。

于是,减温水的汽化长度就可按下式计算:

$$l_{qh}=l_1+w_2 \left(\tau_{qh}-\frac{l_1 \cdot d_1 \cdot d_2}{w_3 \cdot d_3^2}\right) \tag{2-12}$$

式中:w_2——蒸汽在渐扩管后的混合管中的平均流速,m/s,按式(2-13)求得。

上述各式中的几何尺寸的符号如图2-27所示。

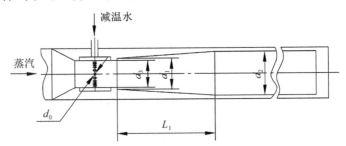

图2-27 文丘里管喷水减温系统示意

$$w_2=\frac{Q_1\left(1+0.6\frac{G}{Q_1}\right)}{0.785(0.4\gamma_{q1}+0.6\gamma_{q2})d_2^2} \tag{2-13}$$

式(2-13)是在试验的基础上求得的经验公式,试验的蒸汽压力为3.5MPa～7.0MPa,并在考虑了不同压力下减温水的表面张力和动力黏度等因素后进行修正。因此,按式(2-13)求得的减温水汽化长度的误差范围为±20%。

我国的一些研究所和制造厂家也对汽化长度进行过实验室和工业性试验。结果表明,对于不同结构的减温装置,汽化长度是不一样的。多孔式喷水减温装置的汽化长度最长,达 4m 以上;文丘里管喷水减温装置次之,为 3～4m;旋涡式喷水减温装置为 2～3m;自动雾化可调喷嘴减温装置其汽化长度最短,可以在 2m 以内。因此,喷水减温装置上选用 4m 长的混合管道长度已能满足减温水的汽化长度要求。如表 2-13 所示为一些制造厂家所选用的混合管道长度。

表 2-13 喷水减温装置的混合管道长度

减温器型式	锅炉型号	喷水位置	喷水量/(t/h)	混合管道长度/mm
多孔式	HG220/100-1	一级	4	4430
		二级	2	4645
	DG300/100-1	一级	11.3	5190
		二级	7.2	4290
	921t/h（苏尔寿制）	一级	54	4400
		二级	23	4400
	170t/h(日本制)	—	8.7	3000
旋涡式	HG410/100-1	一级	45.7	4000
		二级	25.2	4000
	380t/h(波兰制)	—	13.3	3200
	850t/h(日本制)	—	42	3660
文丘里管式	HG220/100	一级	1～10	3201
		二级	1～10	3201
	SG220/100	一级	1	3855
		二级	1	2885
	DG300/100	一级	9	4000
		二级	8	4430
	HG410/100	一级	12	3200
		二级	12	3500
	DG410/100	一级	8	4500
		二级	8	4500
	SG400/140	一级	1	3875
		二级	1	4452
	SG1000/170	一级	20	3290
		二级	20	3554

5. 喷水速度和减温系统的调节性能

为了增加喷水压头,一般采用文丘里管喷水减温装置,其喷水速度是设计的关键问题之一。国内外对此有不同意见:一种意见认为,低喷水速度使雾化不良,为了使喷入蒸汽的水雾化完善,必须采用 15~20m/s 的高喷水速度;另一种意见则认为,要保证系统的良好调节性能和具有足够的调节幅度,就必须采用 1m/s 以下的低喷水速度,这样在文丘里管的缩口处就必须布置数百个孔径为 3mm 的喷水孔。

根据文丘里管减温装置中的蒸汽和减温水的流动工况,对上述两种意见进行分析。不难发现,上述两种意见都有一定的片面性。减温水在文丘里管缩口一出喷水孔,立即被高速蒸汽流所带走,减温水的雾化好坏虽与喷水速度和蒸汽速度都有关,但经过文丘里管口处的蒸汽流速已经达到 100m/s 以上,在这种情况下蒸汽速度对雾化起着主要作用。而用提高喷水速度来促进减温水雾化的效果是不显著的。同时,喷水速度如提高到 15~20m/s,必将大大增加喷水孔的阻力,使最大喷水量受到限制。一些电厂的运行已表明,若采用了 15~20m/s 的喷水速度,则喷水孔阻力增大,结果在锅炉燃用煤种变化、炉膛结焦等需要大量喷水时,不能加大喷水量,由此造成过热器超温。

另一方面,采用 1m/s 以下的低喷水速度,虽然可以避免上述高喷水速度的问题,但需要布置数百个喷水孔,使文丘里管缩口段延长。而缩口段正是蒸汽流速最高的区段,这就增大了蒸汽经过文丘里管的压力损失。而且从调节性能和调节幅度来看,也不一定需要采用 1m/s 以下的喷水速度才能得到保证。在一定的可用压头下,喷水系统的调节幅度主要取决于系统中阻力的分配情况,而其调节性能则主要取决于调节阀的结构特性。若喷水减温系统的可用压头为 Δp_{ky},减温水经过喷孔的压力损失为 Δp_{pk},假定不计算减温水管道等的阻力,则($\Delta p_{ky} - \Delta p_{pk}$)为减温水在调节阀上的压力损失。那么通过喷水调节阀的减温水流量为

$$q_b = \gamma \cdot \mu_p \cdot f_{df} \sqrt{2g \frac{\Delta p_{ky} - \Delta p_{pk}}{\gamma}} \tag{2-14}$$

而减温水经过喷水孔的压力损失为

$$\Delta p_{pk} = \xi \frac{\gamma}{2g} w_{js}^2 = \xi \frac{1}{2g \cdot \gamma} \left(\frac{q_b}{f_{pk}}\right)^2 \tag{2-15}$$

式中：γ——减温水重度；

f_{df}, f_{pk}——喷水调节阀和喷水孔的流通截面；

μ_p——喷嘴调节阀的流量系数；

w_{js}——减温水经过喷水孔的速度，即喷水速度；

ζ——喷水孔的阻力系数。

将式(2-15)代入式(2-14)，经整理后得

$$q_b = f_{df} \sqrt{\frac{2g \cdot \gamma \cdot \Delta p_{ky}}{\frac{1}{\mu^2} + \xi\left(\frac{f_{df}}{f_{pk}}\right)^2}} \tag{2-16}$$

当锅炉在某一固定负荷下运行，其喷水系统的可用压头 Δp_{ky} 是一定值。假定喷水调节阀的流量系数 $\mu=0.6$，喷水孔的阻力系数 $\zeta=3$，根据式(2-16)可以作出减温水量 q_b 与喷水调节阀和喷水孔流通截面比 f_{df}/f_{pk} 的关系曲线，如图 2-28 所示。

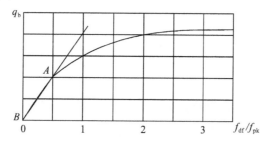

图 2-28 减温水量与调节阀和喷水孔流通截面比的关系曲线

从图 2-28 中可以清楚看到，当 $f_{df}/f_{pk} \leq 0.5$ 时，AB 段接近直线。这里需要说明的是，当喷水调节阀的开度 f_{df} 变化时，μ 值也将随之变化，但对 AB 段的线性特性的影响可以忽略不计。

由上可知，要使喷水调节阀具有较好的调节性能，就必须满足下列条件：

$$f_{dfmax}/f_{pk} \leq 0.5 \tag{2-17}$$

即喷水调节阀最大开度时的流通截面与喷水孔截面之比应小于或等于0.5。这样，在此区间(AB 段)内喷水调节阀的开度与减温水量成正比，喷水调节阀的每一调整都将反映到减温水量的变化，调节特性将是良好的。反

之,从图 2-28 中也可看到:截面比大于 0.5,喷水调节阀开度变化对减温水量的反应渐趋向迟钝;截面比大于 2 后,喷水调节阀变化时,减温水量将不再变化。这就失去了喷水调节阀的调节作用,系统的调节特性将是不良的。

如果将式(2-14)改成

$$q_{b} = \gamma \cdot \mu \cdot f_{df} \sqrt{\frac{2g}{\gamma} \Delta p_{pk} \left(\frac{\Delta p_{ky}}{\Delta p_{pk}} - 1 \right)} \qquad (2-18)$$

并将式(2-18)代入式(2-15),以 f_{dfmax} 代替 f_{df},则得

$$\frac{\Delta p_{pk}}{\Delta p_{ky}} = \frac{1}{1 + \frac{1}{\mu^{2} \cdot \xi} \left(\frac{f_{pk}}{f_{dfmax}} \right)^{2}} \qquad (2-19)$$

再以 $f_{dfmax}/f_{pk} \leqslant 0.5, \mu = 0.6, \zeta = 3$ 代入式(2-19),可得

$$\frac{\Delta p_{pk}}{\Delta p_{ky}} \leqslant 0.2 \qquad (2-20)$$

减温水系统的阻力包括喷水调节阀的阻力、喷水孔的阻力和减温水管道及其附件的阻力。在上述推导中,未计及减温水管道及其附件的阻力。因此,式(2-20)也可以写成

$$\frac{\Delta p_{df}}{\Delta p_{ky}} \geqslant 0.8 \qquad (2-21)$$

式中:Δp_{df}——减温水经过喷水调节阀的压力损失,MPa。

若考虑到管道及其附件的阻力,这时的式(2-21)可改写为

$$\frac{\Delta p_{df}}{\Delta p_{ky}} \geqslant 0.7 \qquad (2-22)$$

这就是说,为了使喷水减温系统具有良好的调节性能,减温水经过喷水孔的压力损失不得大于系统的可用压头的 20%;或者说减温水在喷水调节阀上压力损失应占系统的压力损失的 70%以上。也就是说,喷水减温系统的可用压头的大部分应作用在喷水调节阀上,这样才能保证系统的良好调节特性。

那么,要达到上述的压力损失比和截面比,是否必须采用 1m/s 以下的喷水速度呢?实际上是不需要的。根据试验测得,一台 220t/h 的高压锅炉上采用喷水减温装置,其可用压头 $\Delta p_{pk} = 0.66$MPa。若压力损失比以 $\Delta p_{pk} / \Delta p_{ky} = 0.2$ 计算,那么减温水经过喷水孔的压力损失 Δp_{pk} 为 0.132MPa,此

时文丘里管喷水孔的水速度可达 10m/s。由此可见,为了改善系统的调节性能,喷水速度不一定要降低到 1m/s 以下。在设计中,考虑到减温水管道及其附件等的阻力,以及各种特殊运行工况,需要特大的减温水量,计算喷水速度可以选用 5m/s 左右。

我国现有锅炉喷水减温装置上多数采用低喷水速度,表 2-14 列出了几种锅炉所选用的喷水速度。

表 2-14　喷水速度一览表

锅炉容量 /(t/h)	喷水位置	喷水孔直径 /mm	喷水孔数 /个	喷水速度 /(m/s)	文丘里管缩口 蒸汽速度/(m/s)
125		4.5	144	2~3	75
115		3	256	<1	95
200	一级	3	144	<1	159
	二级	3	144	<1	189
220		3	360	1	148
220	一级	3	30	11.7	94
	二级	3	10	17.6	107
220	一级	3	60	0.384~3.84	89~100
	二级	3	60		130~135
410	一级	3	144	0.161~3.22	104~115
	二级	3	144		154~162

6. 喷水调节阀

在喷水减温系统中,调节性能的好坏在很大程度上取决于喷水调节阀的工作性能。而调节阀的工作性能好坏又取决于调节阀口径和阀瓣型线的选择、控制机构的特性。因此,喷水调节阀是喷水减温系统中的关键设备之一。

（1）喷水调节阀的基本概念

从流体力学观点来看,调节阀是一个可以改变局部阻力的节流元件。因此,喷水调节阀就是一个对不可压缩流体进行调节的节流元件。由流体的能量守恒原理可知

$$\frac{p_1 - p_2}{\gamma} = \zeta_{df} \frac{w^2}{2g} \tag{2-23}$$

式中:p_1,p_2——喷水调节阀前后的减温水压力,MPa；

ζ_{df}——调节阀阻力系数；

w——减温水经过调节阀的平均流速，m/s；

g——重力加速度，m/s²。

而

$$w = \frac{q_b \cdot \upsilon_{js}}{f_{df}} \tag{2-24}$$

式中：υ_{js}——减温水比容。

将式（2-23）中的 w 代入式（2-24），则得到调节阀的流量公式

$$q_b = f_{df}\sqrt{\frac{2g \cdot \gamma_{js}}{\xi_{df}}(p_1 - p_2)} \tag{2-25}$$

喷水调节阀的流量特性是指减温水通过阀门的相对流量与阀门相对开度之间的关系，即

$$\frac{q_b}{q_{bmax}} = f\left(\frac{l}{l_{max}}\right) \tag{2-26}$$

式中：$\dfrac{q_b}{q_{bmax}}$——相对减温水流量，即调节阀某一开度下的流量与全开时流量之比；

$\dfrac{l}{l_{max}}$——相对开度，即调节阀某一开度下的行程与全行程之比。

理论上，改变调节阀的阀瓣与阀座间的流通截面便可调节减温水量。但实际上，流量会受到各种因素的影响，如在流通截面改变时还会发生阀门前后压差的变化，而压差的变化也会引起流量变化等。因此，调节阀的流量特性有固有流量特性和工作流量特性之分。固有流量特性是指调节阀前后压差恒定下的流量特性；工作流量特性是指调节阀实际使用时的流量特性。

典型的调节阀固有流量特性有直线流量特性、等百分比流量特性、抛物线流量特性和快开流量特性四种，如图 2-29 所示。从锅炉的运行特性来看，在低负荷时蒸汽温度较低，需要的减温水量很少；高负荷时蒸汽温度较高，需要的减温水量较多。等百分比流量特性和抛物线流量特性的调节阀在初始阶段减温水流量增加很少，到开启后期减温水流量增加迅速。这种特性正好符合锅炉蒸汽温度调节的要求，因此，喷水调节阀较多选用此类流量特性的阀门。直线流量特性是阀门相对行程与相对流量成正比，这使得操作人员的操作更加直观方便，因此也可选用。快开流量特性的特点是开度小

时流量就比较大,随着开度增大,流量很快达到最大值,这种流量特性不适用于喷水减温系统。

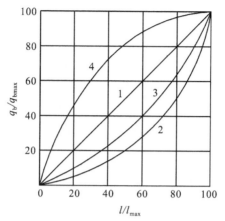

1—直线流量特性;2—等百分比流量特性;3—抛物线流量特性;4—快开流量特性
图 2-29 典型的调节阀固有流量特性曲线

(2)喷水调节阀口径的选取

这里所述的调节阀口径是指阀座上流通孔的直径。在选用喷水调节阀时,首先要选定合适的调节阀口径。调节阀口径选用过大或者过小都会在调节过程中造成困难。如图 2-30 所示为同一流量特性下不同口径调节阀选择好坏的几种情况。图中,l_{max} 为调节阀的最大行程,Δq_b 为调节阀关闭时的泄漏量。

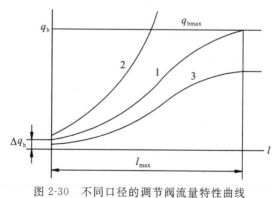

图 2-30 不同口径的调节阀流量特性曲线

图 2-30 中曲线 1 是口径选择合适的调节阀工作流量特性,阀门开启到最大行程时减温水量达到最大,在调节阀的开启行程内均能有效地调节减温水量。若调节阀口径选用过大,如曲线 2,则调节阀的泄漏量将增大,在调

节阀全关时仍有较大的减温水量流入蒸汽系统。同时,调节阀一动作,减温水量就迅速增加,很快达到最大减温水量,这就失去了喷水减温精细调节的优点。反之,若调节阀口径选用过小,如曲线 3,虽然泄漏量减小,开启过程中减温水量逐渐增大,但由于调节阀的固有阻力过大,以致在最大开度时减温水量还是不能满足蒸汽系统的需要量,造成蒸汽超温现象。

在选择调节阀口径时,首先要确定流经调节阀的最大减温水量 q_{bmax},即调节阀最大开度下需要达到的最大流量。根据锅炉的热力计算,按式(2-2)计算出的锅炉额定负荷时的减温水量 q_{be},这样通过调节阀的最大计算减温水量可以选为 $2q_{be}$,即 $q_{bmax}=2q_{be}$。

根据最大减温水量 q_{bmax} 就可以计算调节阀的通流能力。所谓通流能力是指当调节阀全开,阀两端压差为 0.1MPa,减温水重度为 $1g/cm^3$ 时,通过调节阀的流量,以 K_v 表示。

从调节阀节流原理式(2-25)中知

$$q_b = f_{df}\sqrt{\frac{2g}{\xi_{df}}}\sqrt{\gamma_{js}(p_1-p_2)} = K_v\sqrt{\gamma_{js}(p_1-p_2)} \tag{2-27}$$

式中 K_v 即为上述的调节阀流通能力,可以写成

$$K_v = \frac{q_b}{\sqrt{\gamma_{js}(p_1-p_2)}} \tag{2-28}$$

式中:q_b——减温水流量,kg/s;

γ_{js}——减温水密度,kg/m^3;

p_1,p_2——调节阀前后的压力,MPa。

根据最大减温水量 q_{bmax} 和调节阀全开时的压差,即 $(p_1-p_2)_{min}$,求 K_{vmax}

$$K_{vmax} = \frac{q_{bmax}}{\sqrt{\gamma_{js}(p_1-p_2)_{min}}} \tag{2-29}$$

然后可在阀门产品的标准系列中,选取大于 K_{vmax} 又接近这一档的 K_v 值,由此选定调节阀的口径。例如某高压锅炉用喷水调节阀,要求达到的最大减温水量为 10t/h,阀前后压力分别为 110bar 和 105bar,减温水的重度为 $1g/cm^3$,可得 $K_{vmax}=4.47$,在阀门标准系列中查到 $K_v=5>4.47$,调节阀的口径为 20mm。

喷水调节阀工作时,一般理想的最大开度在 90% 左右,如开度太小,会使阀门的可调比缩小;最小开度不小于 10%,否则减温水对阀瓣、阀座会产

生严重冲蚀,使调节性能变差。因此对选定的调节阀还要进行调节开度 K 的验算。

直线流量特性的调节阀

$$L_1 = \left[1.03 \sqrt{\frac{s}{s + \left(\dfrac{k_v^2 \cdot \Delta p \cdot \gamma_{js}}{q_b^2} - 1 \right)}} - 0.03 \right] \times 100\% \qquad (2\text{-}30)$$

等百分比流量特性的调节阀

$$L_1 = \left[\frac{1}{1.48} \lg \sqrt{\frac{s}{s + \left(\dfrac{k_v^2 \cdot \Delta p \cdot \gamma_{js}}{q_b^2} - 1 \right)}} + 1 \right] \times 100\% \qquad (2\text{-}31)$$

式中:L_1——减温水流量 q_b 时的调节阀开度,%;

$\quad$ s——调节阀全开时的压差与减温水系统总压差之比;

$\quad$ Δp——调节阀全开时的压差,$(p_1 - p_2)_{\min}$,MPa。

例如,对上面选定的调节阀进行调节开度验算。假定最小减温水量为 3t/h,$s=0.333$,调节阀选用直线型流量特性,则按式(2-30)计算,阀门的流量最大时的开度为 $K_{v\max} = 74.8\%$,最小流量时的开度为 $K_{v\min} = 13.3\%$,$K_{v\max} < 90\%$,$K_{v\min} > 10\%$,因此该调节阀能满足要求。

(3)喷水调节阀阀瓣型线的确定

喷水调节阀阀瓣型线与调节阀的工作特性有密切关系。为了使喷水减温系统有良好的调节性能,必须在选择合适的调节阀口径的基础上,对阀瓣型线进行精心设计。

喷水调节阀接入锅炉的典型系统如图 2-31 所示,这是以锅炉给水作为减温水的喷水减温系统。主系统为给水经给水调节阀、加热段、蒸发段、过热段的锅炉汽水系统,副系统为经过喷水调节阀的减温水系统。A 点为减温水引出点,B 点为减温水喷入点。A 和 B 之间形成了主副并联的系统。

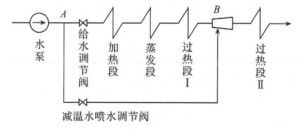

图 2-31 喷水减温系统在锅炉上的连接

假定从 A 点到 B 点的总压力损失为 Δp，在主系统中该压力损失决定于锅炉的负荷，当锅炉的负荷不变时，该压力损失实际上与减温水量无关，其值为

$$\Delta p = \Delta p_{gl} + \gamma \cdot h + \Delta p_{ej} \qquad (2\text{-}32)$$

式中：Δp_{gl}——汽水流经给水调节阀、加热段、蒸发段、过热段的总阻力，MPa；

$\gamma \cdot h$——A，B 两点位高差所引起的重位压差，MPa；

Δp_{ej}——喷嘴缩口所建立的负压，MPa。

在减温水系统中的压力损失取决于减温水量 q_b，其值由三个部分组成：减温水管路及其附件的阻力 Δp_s、减温水流经喷水孔的阻力 Δp_{pk} 和喷水调节阀的阻力 Δp_{df}，即

$$\Delta p = \Delta p_s + \Delta p_{pk} + \Delta p_{df} \qquad (2\text{-}33)$$

同时

$$\Delta p_s = K_s q_b^2$$

$$\Delta p_{pk} = K_{pk} q_b^2$$

$$\Delta p_{df} = K_{df} \frac{q_b^2}{f_{df}^2} \qquad (2\text{-}34)$$

式中：K_s 和 K_{pk} 为常数，而 K_{df} 与调节阀的流通截面 f_{df} 有关，与调节阀的结构和减温水参数也有关，即

$$K_{df} = \zeta_{df} \frac{\upsilon_{js}}{2g} \qquad (2\text{-}35)$$

式中：ζ_{df}——与调节阀流通截面有关的阀门阻力系数；

υ_{js}——减温水的比容。

在减温水系统中，当减温水量从 0 变到最大时，$(\Delta p_s + \Delta p_{pk})$ 值也从 0 变到最大值，而 Δp_{df} 则从最大值变到最小值。调节阀全关时，$\Delta p_s + \Delta p_{pk} = 0$，此时调节阀的阻力达到最大值，由式（2-33）可知，$\Delta p_{df} = \Delta p_{dfmax} = \Delta p$；调节阀全开时，减温水在调节阀上的阻力最小，$\Delta p_{df} = \Delta p_{dfmin}$。此时的减温水量达到最大 q_{bmax}，按式（2-32）求得调节阀的最大流通截面为

$$f_{dfmax} = q_{bmax} \sqrt{\frac{K_{df}}{\Delta p_{dfmin}}} \qquad (2\text{-}36)$$

调节阀在某一流量下的流通截面为

$$f_{df} = q_b \sqrt{\frac{K_{df}}{\Delta p_{df}}} \qquad (2\text{-}37)$$

调节阀的相对流通截面与相对减温水量的关系

$$\frac{f_{df}}{f_{dfmax}} = \frac{q_b}{q_{bmax}}\sqrt{\frac{\Delta p_{dfmin}}{\Delta p_{df}}} \qquad (2\text{-}38)$$

上述根号中分子分母同除以调节阀的最大阻力 Δp_{dfmax}，则式（2-38）变为

$$\frac{f_{df}}{f_{dfmax}} = \frac{q_b}{q_{bmax}}\sqrt{\frac{\dfrac{\Delta p_{dfmin}}{\Delta p_{dfmax}}}{\dfrac{\Delta p_{df}}{\Delta p_{dfmax}}}} \qquad (2\text{-}39)$$

再将分母根号内的算式根据式（2-33）和式（2-34）进行变换经整理后变为

$$\frac{\Delta p_{df}}{\Delta p_{dfmax}} = 1 - \frac{q_b^2}{q_{bmax}^2}\left(1 - \frac{\Delta p_{dfmin}}{\Delta p_{dfmax}}\right) \qquad (2\text{-}40)$$

将式（2-40）代入式（2-39），同时为了简化，以 a,b,A 来代表调节阀上的相对流量、相对流通截面和相对压力损失，即 $\dfrac{q_b}{q_{bmax}} = a$，$\dfrac{f_{df}}{f_{dfmax}} = b$，$\dfrac{\Delta p_{dfmin}}{\Delta p_{dfmax}} = A$，于是式（2-39）就简化成

$$b = \frac{a\sqrt{A}}{1 - a^2(1 - A)} \qquad (2\text{-}41)$$

这样就得到了调节阀的相对流通截面与相对减温水流量的关系式。按式（2-41）对不同 A 值和 a 值得到的计算结果列于表 2-15，并由此作出如图 2-32 所示的一组曲线，从而在调节蒸汽温度时，得到了减温水量变化所需的调节阀流通截面。

表 2-15 不同 a 和 A 值时的 b 值

A	a									
	0.1	0.2	0.3	0.4	0.5	0.6	0.7	0.8	0.9	1.0
0.1	0.0318	0.0644	0.0990	0.1367	0.1796	0.2308	0.2961	0.3885	0.5467	1.00
0.2	0.4490	0.0909	0.1393	0.1916	0.2500	0.3180	0.4015	0.5121	0.6784	1.00
0.3	0.0550	0.1111	0.1698	0.2325	0.3015	0.3800	0.4730	0.5898	0.7491	1.00
0.4	0.0634	0.1280	0.1951	0.2661	0.3430	0.4286	0.5269	0.6447	0.7939	1.00
0.5	0.0709	0.1429	0.2171	0.2949	0.3780	0.4685	0.5697	0.6860	0.8250	1.00
0.6	0.0776	0.1562	0.2367	0.3203	0.4082	0.5023	0.6047	0.7184	0.8479	1.00
0.7	0.0838	0.1683	0.2545	0.3430	0.4350	0.5315	0.6341	0.7446	0.8675	1.00
0.8	0.0895	0.1796	0.2708	0.3636	0.4588	0.5571	0.6592	0.7663	0.8794	1.00
0.9	0.0949	0.1901	0.2859	0.3825	0.4804	0.5797	0.6810	0.7845	0.8906	1.00
1.0	0.1000	0.2000	0.3000	0.4000	0.5000	0.6000	0.7000	0.8000	0.9000	1.00

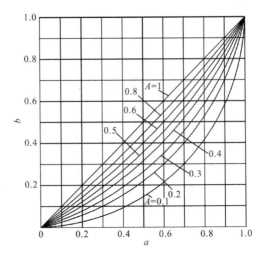

图 2-32 调节阀流通截面与减温水量的关系

为了求得调节阀的阀瓣型线,仅有图 2-31 的曲线是不够的,还必须求出一条相对流通截面($f_\mathrm{df}/f_\mathrm{dfmax}$)与阀瓣相对行程($l/l_\mathrm{max}$)的关系曲线,即调节阀的结构特性。另外,还需要调节阀的相对行程与伺服马达的相对转角(ψ/ψ_max)之间的关系曲线,即调节阀的连接特性。于是可以作出如图 2-33 所示的一套曲线,其中,第一象限给出调节阀的流量特性,第二象限给出调节阀的结构特性,第三象限给出调节阀的连接特性,第四象限给出调节阀的调节特性。利用这样的图像就可以求得调节阀的阀瓣型线。

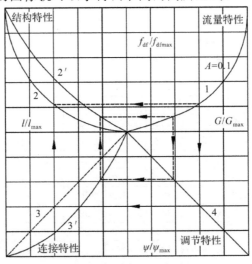

图 2-33 调节阀阀瓣型线的确定和连接特性的计算

由锅炉阻力计算得到汽水系统的压力损失 Δp,那么调节阀口径选定后,其 A 值也就已确定,在第一象限中就可作出流量特性曲线,例如图 2-33 中 $A=0.1$ 的曲线。如果要求调节阀的调节特性和连接特性均为直线,即图中的直线 3 和直线 4,那么在第二象限中就得到调节阀的结构特性曲线 2,再根据曲线 2 作出阀瓣型线。从图 2-33 中可以看到,曲线 2 的结构特性是不好的。在阀瓣提升初期,阀门的流通截面变化很小;而在后期阀瓣稍有提升,流通截面却变化很大,减温水量增加太快。另一种方法是曲线 1 和曲线 4 确定后,选定一条合适的结构特性,即先选定合适的阀瓣型线,如图 2-33 中第二象限中的曲线 $2'$,然后按图求得连接特性曲线 $3'$。这样调节阀的连接特性曲线虽不是直线,但换来了良好的结构特性。

前一种方法是根据减温系统的要求,专门设计一个喷水调节阀;后一种方法是选用一个现成的调节阀,然后依靠改变其连接特性,以便最终达到第四象限中直线关系的调节特性。显然,后一种方法是受到一定限制的,因为连接特性只能在一定范围内变化。而前一种方法是设计调节阀时的基本方法,若设计时得到的曲线 2 特性太差,则可以设法改变曲线 1 的形状,即增大 A 值,然后再按照同样方法,以得到满意的结构特性曲线 2。

喷水调节阀常处在前后压差大、流量小的工况中工作,因此阀门易磨损。同时又要求减温水量的调节十分精细。为了达到这些要求,目前调节阀阀瓣的型线广泛采用针形、缝隙形、旋流式、套筒式、笼罩形、迷宫式等多种形式(如图 2-34 至图 2-39 所示)。

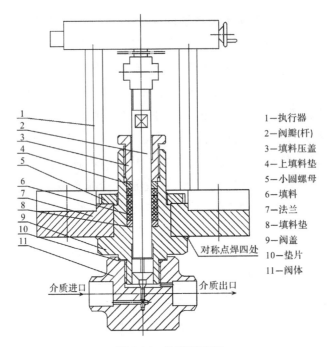

1—执行器
2—阀瓣(杆)
3—填料压盖
4—上填料垫
5—小圆螺母
6—填料
7—法兰
8—填料垫
9—阀盖
10—垫片
11—阀体

对称点焊四处

介质进口   介质出口

图 2-34   针形调节阀

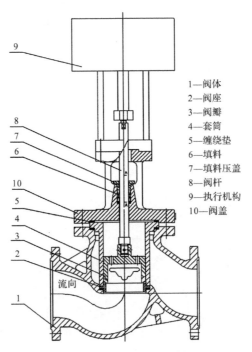

1—阀体
2—阀座
3—阀瓣
4—套筒
5—缠绕垫
6—填料
7—填料压盖
8—阀杆
9—执行机构
10—阀盖

流向

图 2-35   套筒式调节阀

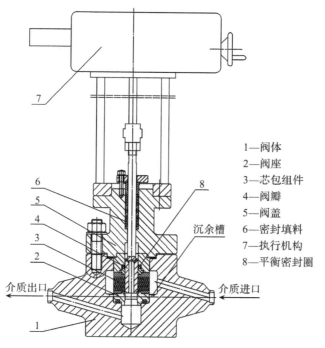

1—阀体
2—阀座
3—芯包组件
4—阀瓣
5—阀盖
6—密封填料
7—执行机构
8—平衡密封圈

图 2-36 迷宫式调节阀

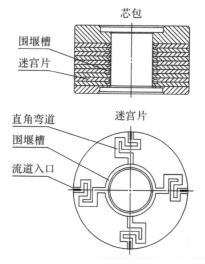

图 2-37 芯包及迷宫片

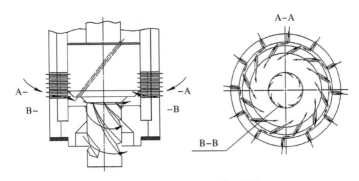

图 2-38　高压差旋流式调节阀

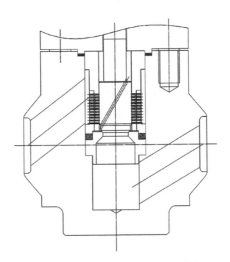

图 2-39　高压差多级套筒式调节阀

（4）调节阀容量工程计算

1）调节阀流量系数的工程计算

反映调节阀的结构特征和工作特性的参数有很多，如额定流量系数 K_v、公称压力 P_N、公称尺寸 D_N、阀瓣开度 l 和流量特性等。其中额定流量系数 K_v 是一个重要参数，其大小直接反映出经过调节阀的最大流量。

调节阀额定流量系数是指阀门全开时，阀的两端压差为 0.1MPa，介质为 5～40℃ 的水，每小时流经调节阀的流量（单位为 m³/h）。实际工况的压差及温度等与额定流量系数测量时的工况不同，为此，选择合适的调节阀必须根据已知的流体条件进行 K_v 值计算，即把实际工作条件下所需要的流量系数转化为测试条件下的 K_v 值，这样可根据计算所得的 K_v 值与调节阀具

有的额定流量系数 K_v 值比较,从而选用何种规格的调节阀。

当生产工艺需要的流量 q 和压差 Δp 及温度 t 确定后,可按表 2-16 计算额定流量系数。

表 2-16 额定流量系数计算公式

介质条件		计算公式	符合说明
水	$p_1 - p_2 < \Delta p_c$	$K_v = 10q\sqrt{\dfrac{\rho}{p_1 - p_2}}$	q——流体流量(水 m^3/h,蒸汽 t/h)
	$p_1 - p_2 \geqslant \Delta p_c$	$K_v = 10q\sqrt{\dfrac{\rho}{\Delta p_c}}$	p_1,p_2——阀前后压力(kPa)
水蒸气	饱和 $p_2 > 0.5p_1$	$K_v = \dfrac{100q}{16}\sqrt{\dfrac{1}{p_1^2 - p_2^2}}$	ρ——水密度(g/cm^3)
	饱和 $p_2 \leqslant 0.5p_1$	$K_v = \dfrac{100q}{13.8p_1}$	Δp_c——临界压差(kPa),可按式 (2-40)计算
	过热 $p_2 > 0.5p_1$	$K_v = \dfrac{100q(1+0.0013\Delta t)}{16\sqrt{p_1^2 - p_2^2}}$	Δt——蒸汽过热度(℃)
	过热 $p_2 \leqslant 0.5p_1$	$K_v = \dfrac{100q(1+0.0013\Delta t)}{13.8p_1}$	K_v——额定流量系数

2)气蚀和闪蒸

①气蚀和闪蒸的定义

液体在调节阀的节流作用下经常遇到两种现象,即气蚀和闪蒸。气蚀过程有两个阶段:第一阶段是液体通过调节阀调节副的节流作用,液体达到最大速度,压力将降至低于饱和压力,液体中产生蒸汽形成气泡;第二阶段是液体流过调节副后,摩擦引起流体减速,其结果使液体压力增加,这种速度和压力之间的能量反向转换称为"压力恢复",当出口压力高于液体饱和压力时,由节流生成的蒸汽泡将挤压破裂而恢复成为液体状态,如图 2-40 所示。

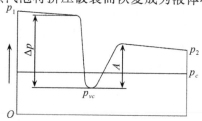

p_1—进口压力;p_2—出口压力;p_c—进口温度下的饱和压力;
p_{vc}—流体最大速度时的压力;Δp—阀入口至最小截面压降;A—压力恢复

图 2-40 气蚀

开始同气蚀第一阶段一样,调节阀节流作用使液体内形成气泡,由于出口压力低于液体饱和压力,气泡仍旧存在,不再恢复为液体,这种液相介质变为汽液两相的现象就是闪蒸。如图 2-41 所示。

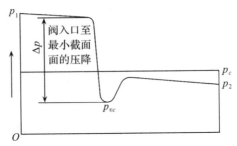

p_1—进口压力;p_2—出口压力;p_c—进口温度下的饱和压力;

p_{vc}—流体最大速度时的压力;Δp—阀入口至最小截面压降

图 2-41 闪蒸

②闪蒸时额定流量系数 K_v 值的确定

临界差压法认为闪蒸后介质体积急剧增大,影响流体的流动,因此当出口压力降到一定值时,会出现一种与蒸汽流通时相似的临界现象,流量达到饱和,不再因压差增加而增加。临界压差 Δp_c 可用式(2-42)计算。

$$\Delta p_c = K_L p_1 \qquad (2\text{-}42)$$

式中:K_L——由阀前液体的绝对压力 p_1 所对应的饱和温度与阀入口处的实际温度之差 ΔT 决定的系数,可以通过图 2-42 查得。

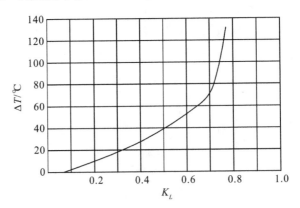

图 2-42 K_L 与 ΔT 的关系曲线

求得 Δp_c 后即可按表 2-16 计算 K_v 值。

$\Delta T =$ 饱和温度－阀入口液体温度

3）选择调节阀的步骤

从工艺提供的有关参数到最后选定阀门，需要以下几个步骤。

①确定计算流量。根据工艺生产负荷变化及其预期扩大生产等因素，决定最大工作流量 q_{max} 和最小工作流量 q_{min}。

②选择调节阀压力级。根据设备的介质工作参数，选取调节阀所需公称压力。

③决定计算压差。根据所选择的流量特性及系统特点决定 s 值，然后根据压力分配和管路损失，计算调节阀最小压差 Δp_{min} 和最大压差 Δp_{max}。

④计算额定流量系数 K_v 值。根据已决定的计算工作流量、计算压差及有关参数，求出额定流量系数 K_v 值。

⑤初步决定调节阀压力级和口径。根据决定的压力级和额定流量系数 K_v 值，在所选用的产品样本中，选取额定流量系数大于计算所得 K_v 值又最接近这一值的调节阀，作为最终选定产品。

4）调节阀节流面积的工程计算

调节阀节流面积的工程计算，也就是调节阀阀座、套筒和阀瓣的结构计算。但阀体的阻力系数和阀瓣流量系数都是通过试验求得，因此到目前为止，调节阀节流面积的计算只能依据试验并结合近似计算和图解法来进行，逐步接近直至达到设计要求。

设计步骤大致如下。

①在已知阀体结构和阀座直径条件下，根据经验确定调节阀节流面积的初步尺寸。

②通过流量试验测定节流面积的流量和开度之间的关系，即流量特性。

③根据测得的流量特性，按流量和开启面积相对应的原则，利用计算法或图解法作出具有理想流量特性的节流面积，计算法见式（2-43）。

④重复上述步骤直至满足设计要求。

$$f_T = \frac{q_T}{0.1594\mu_T \sqrt{\Delta p_T \cdot \rho}} \tag{2-43}$$

式中：f_T——调节阀的节流面积，cm^2；

q_T——流经调节阀的流量，t/h；

μ_T——调节阀的流量系数，一般取 $0.70\sim0.80$；

Δp_T——调节阀的压差，bar；

ρ——减温水密度,kg/m³。

5)节流圈节流面积的工程计算

如果减温水压力特别高,也可先采用节流圈节流,以降低减温水压力。节流圈节流面积的工程计算同调节阀的计算,节流圈的流量系数一般取0.80~0.90。

第二节 减压系统设计

减压的工作原理是蒸汽通过减压阀(减温减压阀)或节流孔板(节流罩)减小的节流截面,蒸汽动能增加造成压力损失,蒸汽的压力能随之降低而达到减压的目的。

减压系统由减压阀(减温减压阀)和节流孔板组成,用来降低蒸汽压力,并自动将压力保持在一定范围内的系统。典型的减压系统如图 2-43 至图 2-45 所示。

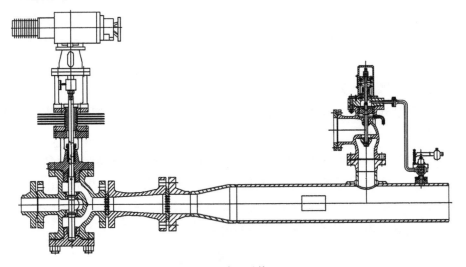

图 2-43 减压系统(一)

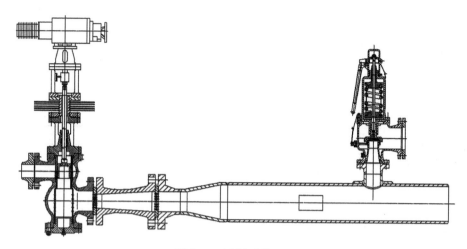

图 2-44　减压系统(二)

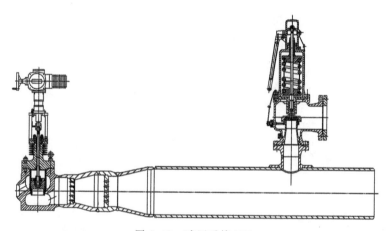

图 2-45　减压系统(三)

要使蒸汽压力降低,考虑到调节性能、噪声等因素,减压阀一次减压幅度不宜太大,一般减压幅度 $\beta(\beta=p_2/p_1)$ 控制在 $0.6\sim0.65$。节流孔板的减压幅度的选取原则为:第一块节流孔板可以大一些,一般 β 取 0.5 左右,第二块及后面节流孔板逐渐减小,一般 β 选取范围为 $0.6\sim0.9$。

设计减压阀的蒸汽流速选取如表 2-17 所示。

表 2-17　管道蒸汽和减温水流速选取

序号	管道规格、参数、条件	工况介质状态	流速/(m/s)
1	$P<1.0\text{MPa}$	低压蒸汽	15～20
2	$P=1.0\text{MPa}\sim4.0\text{MPa}$	中压蒸汽	20～60
3	$P=4.0\text{MPa}\sim12.0\text{MPa}$	高压蒸汽	40～80
4	$P=12.0\text{MPa}\sim27.0\text{MPa}$	超高压及以上蒸汽	60～90
5	装置入口(一次)管道	一次蒸汽	40～90
6	装置出口(二次)管道	二次蒸汽	15～45
7	装置给水管道	减温水	1～4

1. 减压阀(减温减压阀)的选择

减压阀按调节仪表的控制信号直接控制流体,在过程控制系统中起着十分重要的作用。减压阀的选择项目有:减压阀类型、作用方式、流量特性、泄漏等级、公称尺寸、公称压力、壳体和内件材料、连接方式等。

减压阀(减温减压阀)的阀门典型类型如图 2-46 至图 2-49 所示。

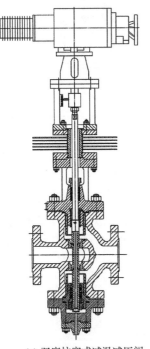

(a) 双座柱塞式减温减压阀

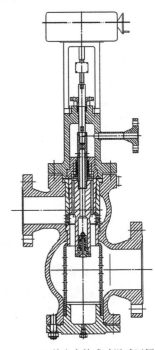

(b) 单座套筒式减温减压阀

图 2-46　非混合式减温减压阀

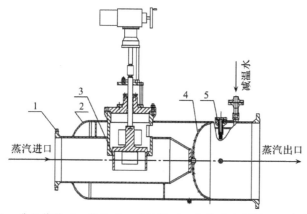

1—进口管道;2—筒体;3—减压阀;4—节流消音网罩;5—喷嘴

图 2-47 大口径混合式减温减压阀

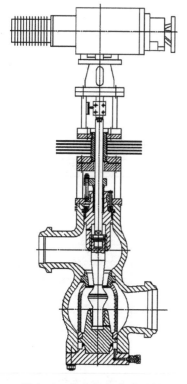

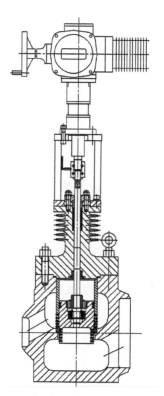

图 2-48 单座柱塞式减压阀　　图 2-49 单座笼罩式减压阀

(1)从功能方面选择减压阀

1)控制功能

①减压阀的动作平稳;

②流量特性；

③固有流量比；

④流通能力好；

⑤调节性能好。

2）泄漏等级

减压阀的泄漏等级根据不同的性能工况分为Ⅰ至Ⅵ级，各泄漏等级应符合表 2-18 的规定。Ⅵ级时，允许泄漏量的计算式中的泄漏系数如表 2-19 所示。

表 2-18 泄漏等级

泄漏等级	允许泄漏量	试验介质	试验方法
Ⅰ	由制造商和用户商定		
Ⅱ	0.5％额定流量	L 或 G[1]	A
Ⅲ	0.1％额定流量	L 或 G	A
Ⅳ	0.01％额定流量	L 或 G	A
Ⅴ	$1.8\times10^{-4}\times\Delta P\times d^2$	L	B
Ⅵ	$3\times\Delta P\times$泄漏系数	G	B

注：1. L 表示液体（水或煤油），G 表示气体（空气或氮气）；

2. ΔP 为最大工作压差，单位为 MPa；d 为阀座直径，单位为 mm，计算结果单位为 L/min。

表 2-19 泄漏等级Ⅵ级阀门的泄漏系数

阀座公称直径/mm	容积法泄漏系数/(mL/min)	气泡法泄漏系数/(气泡数/min)
25	0.15	1
40	0.30	2
50	0.45	3
65	0.60	4
80	0.90	6
100	1.70	11
150	4.00	27
200	6.75	45
250	11.1	—
300	16.0	—
350	21.6	—
400	28.4	—

注：1. 每分钟气泡数是用一根 $\phi6\times1$mm 的管子垂直浸入水下 5～10mm 深度的条件下测得的，管端应切平整、光滑，无倒角和毛刺；

2. 如阀座直径与表列值之一相差 2mm 以上，则泄漏系数可通过假设泄漏和阀座直径的平方成正比的内插法取得。

3)防堵

减压阀所流过的蒸汽即使是清洁的,也存在堵塞问题,这是由于管道内的焊渣、氧化皮等脏物被流体带入减压阀内,造成堵塞,因此应考虑减压阀的防堵性能。

4)耐蚀

包括耐冲蚀、汽蚀,主要涉及减压阀材料的选择,以及阀座、阀瓣和阀杆的处理。

5)耐压与耐温

涉及减压阀的公称压力 P_N、工作温度。主要是恰当选择减压阀的壳体材料和阀门内件材料。

(2)综合经济技术确定减压阀类型

在满足上述使用功能的要求下,确定控制阀类型。为此,至少应考虑以下四个问题。

①可靠性高;

②使用寿命长;

③维修方便,有足够的备品备件;

④产品性能价格比适宜。

2. 减压阀的固有流量特性

减压阀的固有流量特性是指流体流过减压阀的相对流量与相对开度之间的关系,数学表达式为:

$$\frac{q}{q_{max}} = f\left(\frac{l}{L}\right) \tag{2-44}$$

式中:$\dfrac{q}{q_{max}}$——相对流量,减压阀在某一开度时的流量 q 与全开时的流量 q_{max}

之比;

$\dfrac{l}{L}$——相对开度,减压阀在某一开度时的位移 l 与全开时的位移 L

之比。

理论上,改变减压阀的阀瓣与阀座之间的流通截面积,便可以控制流量,但实际上,由于多种因素的影响,如节流面积变化的同时,还发生阀前、阀后的压差变化,而压差的变化又将引起流量的变化,因此为了便于分析,先假定阀前、阀后的压差不变,研究得到流量特性,然后使用真实情况进行研究得到另一流量特性,前者称为理想(理论)流量特性,后者称为工作流量特性。

理想(理论)流量特性又称为固有流量特性,与阀的结构特性不同,阀的结构特性是指阀瓣位移与流体通过的截面积之间的关系,该结构特性不考虑压差的影响,纯粹由阀瓣大小和几何形状所决定;而理想流量特性则是阀前后压差保持不变的特性。理想流量特性主要有直线、等百分比、抛物线及快开四种。

3. 减压阀的流通能力工程计算

减压阀的流通能力计算应综合考虑减压阀的压差、流速及振动噪声等各种因素。压差越大,流速就越快,所需的流通面积就越小,但是振动噪声就越大。

$$f_{\mathrm{J}} = \frac{q_{\mathrm{s}}}{0.1594 \mu_{\mathrm{J}} \varphi_{\mathrm{J}} \sqrt{\dfrac{p_1}{\nu_1}}} \qquad (2\text{-}45)$$

$$\varphi_{\mathrm{J}} = 0.946 \sqrt{\beta_{\mathrm{J}}(1-\beta_{\mathrm{J}})} \qquad (2\text{-}46)$$

式中:f_{J}——减压阀流通面积,cm^2;

q_{s}——蒸汽流量,t/h;

μ_{J}——减压阀流量系数,一般取 0.75;

φ_{J}——减压阀膨胀系数;

p_1——减压阀前蒸汽压力,bar;

ν_1——减压阀前蒸汽比容,m^3/kg

β_{J}——减压阀前后压力比

$$\beta_{\mathrm{J}} = \frac{p_1}{p_2} \qquad (2\text{-}47)$$

p_1,p_2——减压阀前后蒸汽压力,MPa。

4. 节流孔板流通能力的工程设计计算

节流孔板的流通能力计算和减压阀一样,也应综合考虑压差、流速及振动噪声等各种因素。

$$f_L = \frac{q_s}{0.1594\mu_L\varphi_L\sqrt{\dfrac{p_L}{\nu_L}}} \tag{2-48}$$

式中：f_L——节流孔板的流通面积，cm^2；

μ_L——节流孔板的流量系数，一般取 $0.64\sim0.70$；

φ_L——节流孔板处蒸汽的膨胀系数；

p_L——节流孔板前的蒸汽压力，bar；

ν_L——节流孔板前的蒸汽比容，m^3/kg；

其中

$$\varphi_L = 0.57\sqrt{1-\left(\frac{\beta_L-0.3}{0.7}\right)^2} \tag{2-49}$$

式中：β_L——节流孔板前后蒸汽压力比。

我们认为减压过程来不及进行能量交换，是一个等熔过程，因此减压阀后或节流孔板后的蒸汽比容按等熔过程在熔-熵表中查找。

第三节　减温减压装置材质的选择

减温减压装置流过的主要是水蒸气，选择装置主要零件的材质，主要考虑水蒸气的压力和温度的物理特性。

一般情况下，承压件材料的选择如表 2-20 和表 2-21 所示。钢管的材料按表 2-22 选取，钢板的材料按表 2-23 选取，减压阀、调节阀密封面堆焊材料按表 2-24 选取。阀杆材料的选择及表面处理如表 2-25 所示。

表 2-20　锻件常用材料

序号	材料牌号	标准	最高使用温度/℃
1	20	NB/T 47008	450
2	25	NB/T 47008	450
3	A105	GB/T 12228 ASTM A105	425
4	F11	ASTM A182	550
5	15NiCuMoNb F36	NB/T 47008 ASTM A182	480
6	F22	ASTM A182	593
7	F91	ASTM A182	649
8	F92	ASTM A182	649
9	15CrMo	NB/T 47008	550

续表

序号	材料牌号	标准	最高使用温度/℃
10	12Cr2Mo1	NB/T 47008	565
11	20Cr13	GB/T 1220	500
12	12Cr1MoV	NB/T 47008	565
13	15Cr1Mo1V	—	570
14	12Cr5Mo	NB/T 47008	700
15	12Cr18Ni9	GB/T 1220	816
16	06Cr19Ni10 (F304)	NB/T 47010 ASTM A182	816
17	F304H	NB/T 47010 ASTM A182	816
18	06Cr17Ni12Mo2 (F316)	GB/T 1220 ASTM A182	816
19	F316H	NB/T 47010 ASTM A182	816
20	06Cr18Ni11Ti	GB/T 1220	816
21	F321H	NB/T 47010 ASTM A182	816
22	F347H	NB/T 47010 ASTM A182	816
23	06Cr25Ni20	NB/T 47010 GB/T 1220	816
24	F310H	ASTM A182	1035
25	NS3308 N06022	NB/T 47028 ASTM B564	675
26	NS3306 N06625	NB/T 47028 ASTM B564	645
27	NS1402 N08825	NB/T 47028 ASTM B564	538

表 2-21 铸钢件常用材料

序号	材料牌号	标准	最高使用温度/℃
1	ZG230-450	JB/T 9625	430
2	WCB	GB/T 12229 ASTM A216	425
3	WCC	GB/T 12229 ASTM A216	425
4	WC1	JB/T 5263 ASTM A217	480
5	ZG20CrMo	JB/T 9625	510
6	ZG20CrMoV	JB/T 9625	540
7	ZG15CrMoG	GB/T 16253	550
8	ZG15Cr1Mo1V	JB/T 9625	570
9	WC6	JB/T 5263 ASTM A217	593
10	WC9	JB/T 5263 ASTM A217	593
11	C5	ASTM A217	649
12	ZG1Cr5Mo	JB/T 9625 GB/T 16253	700
13	C12A	JB/T 5263 ASTM A217	649
14	ZG20Cr13	GB/T 2100	450
15	ZG12Cr18Ni9	GB/T 12230	816
16	CF8	GB/T 12230	816
17	CF10	ASTM A351	816
18	CF8M	GB/T 12230 ASTM A315	816
19	CF10M	ASTM A315	816
20	CF8C	ASTM A315	816
21	CK20	ASTM A351	816
22	CH20	ASTM A351	816

表 2-22　钢管常用材料

钢的种类	钢　号	标准编号	适用范围		
			用　途	工作压力/MPa	壁温/℃
碳素钢	Q235-B	GB/T 3091	热水管道	≤1.6	≤100
	L210	GB/T 9711	热水管道	≤2.5	—
	10,20	GB/T 8163	受热面管子	≤1.6	≤350
			集箱、管道		≤350
		YB 4102	受热面管子	≤5.3	≤300
			集箱、管道		≤300
		GB 3087	受热面管子	≤5.3	≤460
			集箱、管道		≤430
	20G	GB 5310	受热面管子	不限	≤460
			集箱、管道		≤430
	20MnG、25MnG	GB 5310	受热面管子	不限	≤460
			集箱、管道		≤430
合金钢	15Ni1MnMoNbCu(P36)	GB 5310	集箱、管道	不限	≤450
	15MoG,20MoG	GB 5310	受热面管子	不限	≤480
	12CrMoG(P2)	GB 5310	受热面管子	不限	≤560
	15CrMoG(P12)		集箱、管道	不限	≤550
	12Cr1MoVG	GB 5310	受热面管子	不限	≤580
			集箱、管道	不限	≤565
	12Cr2MoG (P22)	GB 5310	受热面管子	不限	≤600*
			集箱、管道		≤575
	12Cr2MoWVTiB	GB 5310	受热面管子	不限	≤600*
	12Cr3MoVSiTiB			不限	
	07Cr2MoW2VNbB(P23)	GB 5310	受热面管子	不限	≤600*
	10Cr9Mo1VNbN(P91)	GB 5310	受热面管子	不限	≤650*
			集箱、管道		≤620
	10Cr9MoW2VNbBN (P92)	GB 5310	受热面管子	不限	≤650*
			集箱、管道		≤630
	07Cr19Ni10(TP304H)	GB 5310	受热面管子	不限	≤670*
	10Cr18Ni9NbCu3BN (S30432)	GB 5310	受热面管子	不限	≤705*
	07Cr25Ni21NbN(HR3C)	GB 5310	受热面管子	不限	≤730*
	07Cr19Ni11Ti	GB 5310	受热面管子	不限	≤670*
	07Cr18Ni11Nb	GB 5310	受热面管子	不限	≤670*
	08Cr18Ni11NbFG	GB 5310	受热面管子	不限	≤700*

注:1.表中所列材料的标准名称,GB/T 3091《低压流体输送用焊接钢管》、GB/T 9711《石油天然气工业　管线输送系统用钢管》、GB/T 8163《输送流体用无缝钢管》、YB 4102《低中压

锅炉用电焊钢管》、GB/T 3087《低中压锅炉用无缝钢管》、GB 5310《高压锅炉用无缝钢管》；

2. "＊"处壁温指烟气侧管子外壁温度，其他壁温指锅炉的计算壁温；

3. 超临界及以上锅炉受热面管子设计选材时，应当充分考虑内壁蒸汽氧化腐蚀。

表 2-23 钢板的常用材料

钢的种类	钢　号	标准编号	适用范围	
			工作压力/MPa	壁温/℃
碳素钢	Q235-B	GB/T 3274	≤1.6	≤300
	Q235-C；Q235-D			
	15，20	GB/T 711		≤350
	Q245R（20g，20R）	GB 713	≤5.3	≤430
合金钢	Q345R（16Mng，16MnR）	GB 713		≤430
	15CrMoR	GB 713	不限	≤520
	12Cr1MoVR	GB 713	不限	≤565
	13MnNiMoR	GB 713	不限	≤400

表 2-24 阀门密封面堆焊材料的选择

型号	牌号	标准	堆焊硬度	堆焊高度	使用范围	焊接方法
EDCr-A1-03	D502	GB/T 984	≥40HRC	≥4mm	PN≤20MPa；t≤450℃	手工电弧焊
EDCr-A1-15	D507					
EDCr-A2-15	D507Mo		≥37HRC		PN≤20MPa；t≤510℃	
EDCr-B-03	D512		≥45HRC		PN≤30MPa；t≤450℃	
EDCr-B-03	D517					
EDCrNi-A-15	D547		270～320HBW		PN≤30MPa；t≤570℃	
EDCrNi-B-15	D547Mo		≥37HRC		PN≤35MPa；t≤600℃	
EDCoCr-B-03	D802		≥40HRC		PN≤60MPa；t≤670℃	
EDCoCr-B-03	D812		≥44HRC		优于 D802	

续表

型号	牌号	标准	堆焊硬度	堆焊高度	使用范围	焊接方法
	Co106（丝111）	GB/T 17854	40～46 HRC	≥2mm	PN≤60MPa；t≤670℃	手工氩弧焊或手工氧乙炔焊
	Co104（丝112）		45～50 HRC		PN≤80MPa；使用温度高于Co 106	
	F22-42（Co基粉）	JB/T 3168.1 JB/T 3168.2 JB/T 3168.3	40～44 HRC	≥1.5mm	PN≤58MPa；t≤620℃	等离子焊
	F11-40（Ni基粉）		35～45 HRC		PN≤50MPa；使用温度介于铁基与钴基之间	氧乙炔火焰喷焊
	F21-46（Co基粉）		40～48 HRC		PN≤60MPa；t≤620℃	

注：堆焊高度为密封面加工成型后焊层的净高度。

表 2-25　阀杆常用材料的适用范围

代号	材料牌号	标准	硬度 HBW	室温强度指标		最高温度 ≤℃
				R_m/MPa	R_{p02}/MPa	
U20352	35	JB/T 9626	136～192	510	265	420
A31253	25Cr2MoVA	JB/T 9626	269～320	834	735	510
A31263	25Cr2Mo1VA	JB/T 9626	248～293	785	685	550
A33382	38CrMoAlA	JB/T 9626	250～300	834	735	550
—	20Cr1Mo1V1A	DL/T 439	249～293	835	735	550
—	20Cr1Mo1VNbTiB	DL/T 439	252～302	834	735	570
A32590	45Cr14Ni14W2Mo	GB/T 1221	≤295（固溶处理）	785	395	700
—	F6a Cl.2	ASTM A182	169～229	585	380	649
S30210	12Cr18Ni9	GB/T 1220	≤187（固溶处理）	520	205	610
S30408	06Cr19Ni10	NB/T 47010	≤187（固溶处理）	520	205	700
S30409	F304H	ASTM A182	≤187（固溶处理）	515	205	816
S31020	F310H	ASTM A182	≤187（固溶处理）	515	205	816
S31020	20Cr25Ni20	GB/T 1221	≤201（固溶处理）	590	205	700
S31600	F316H	ASTM A182	≤187（固溶处理）	515	205	700
S31608	06Cr17Ni12Mo2	NB/T 47010	≤187（固溶处理）	520	205	700
S31009	F321H	ASTM A182	≤187（固溶处理）	515	205	816
S32168	06Cr18Ni11Ti	GB/T 1221	≤187（固溶处理）	520	205	700
S42010	12Cr13	GB/T 1221	≤200	540	345	400
S42020	20Cr13	GB/T 1221	197～248	647	441	480
S42030	30Cr13	JB/T 9626	240～280	735	539	450

续表

代号	材料牌号	标准	硬度 HBW	室温强度指标		最高温度
				R_m/MPa	R_{p02}/MPa	≤℃
—	C—422 (2Cr12NiMo1W1V)	DL/T 439	277～331	930	760	570
S47220	616 22Cr12NiMoWV	ASTM A616 GB/T 1221	≤341(固溶处理)	885	735	625
S43110	14Cr17Ni2(1Cr17Ni2)	GB/T 1220	≤285	1080	—	500
S51740	05Cr17Ni4Cu4Nb (17—4PH)	GB/T 1220	≥302(固溶处理)	1000	865	400
NO7718	GH169 Inconel718 镍基合金	ASTM B637	≤363(固溶处理)	1275	1034	704

注:以上材料的推荐使用温度仅供参考,在实际使用过程中要考虑工作应力。

第四节　安全阀的选择

减温减压装置在选择超压保护装置进行超压保护时,首先应考虑的是超压保护装置的类型。减温减压装置中的超压保护装置不考虑采用爆破片安全装置。超压保护装置宜采用直接载荷式安全阀,只有超压保护装置需要排放的介质容量特别大时,才考虑选择先导式安全阀。

1. 设置安全阀的要求

减温减压装置在运行中可能超压的管道应设置超压保护装置。

符合下列情况之一的管道应装设安全阀。

(1)设计压力小于外部压力源的压力,出口可能被关断或堵塞的设备和管道系统。

(2)减压装置出口设计压力小于进口压力,排放出口可能被关断或堵塞的设备和管道系统。

(3)因两端关断阀关闭,受外界环境影响而产生热膨胀或汽化的管道系统。

2. 安全阀相关压力的确定

安全阀的相关压力的确定应符合下列要求。

(1)安全阀的整定压力除工艺有特殊要求外,应为正常最大工作压力的1.1倍,最低为1.05倍。

(2)当管道系统装设多个安全阀时,主要安全阀的最低整定压力不应大于管道设计压力,其余安全阀的最高整定压力不宜超过管道设计压力的1.03倍,且安全阀的最大排放压力不应大于管道设计压力的1.06倍。

(3)安全阀的启闭压差宜为整定压力的4%~7%,最大不得超过整定压力的10%。安全阀应按泄放介质选用,在水管道上,应选用微启式安全阀;在蒸汽管道上,应选用全启式安全阀。不应选用静重式安全阀或重力杠杆式安全阀。

(4)安全阀入口管道的压力损失宜小于整定压力的3%,安全阀出口管道压力损失不宜超过整定压力的10%。

(5)安全阀的入口管道和出口管道不应设置切断阀。

3. 安全阀的布置

安全阀的布置应符合下列规定。

(1)安全阀距上游弯管或弯头起弯点应不小于8倍管子内径的距离;当弯管或弯头从垂直向上而转向水平方向时,其距离还应适当增大。除下游弯管或弯头外,安全阀入口管距上下游两侧其他附件也不应小于8倍管子内径的距离。

(2)两个或两个以上安全阀布置在同一管道上时,其间距沿管道轴向不应小于相邻安全阀入口管内径之和的1.5倍。当两个安全阀在同一管道断面的周向上引出时,其周向间距的弧长不应小于两个安全阀入口的内径之和。

(3)当排汽管为开式排放,且安全阀阀管上无支架时,安全阀布置宜使入口管缩短,安全阀出口的方向应平行于主管或联箱的轴线。

(4)在同根主管上布置有多个安全阀时,应使安全阀在所有运行方式下,排放作用力矩对主管的影响达到相互平衡。

(5)安全阀应铅直安装。

(6)装设安全阀的正下方管道一般宜采用固定支座。

4. 安全阀流通能力的计算

计算超压保护装置的排放能力时,其排放能力应大于或者等于减温减

压后的蒸汽流量,以避免安全阀排放后,管道压力继续升高。安全阀流通能力的设计计算应按下式进行:

$$f_A = \frac{q}{0.0752\mu_A \sqrt{\dfrac{p_A}{\nu_A}}} \qquad (2\text{-}50)$$

式中:f_A——安全阀的流通面积,cm^2;

   q——减温减压后的蒸汽流量,t/h;

   μ_A——安全阀的排量系数,一般全启式安全阀取 0.75;

   p_A——安全阀的排放压力,bar;

   ν_A——安全阀排放压力下的蒸汽比容,m^3/kg。

安全阀排放压力下的蒸汽比容,其值按等熵过程在焓—熵表中查找。

5.安全阀排放时反作用力计算

安全阀排放时产生的反作用力是否会对安全阀的进出口管道和设备的接管、法兰造成不良的后果,需要进行详细的计算后才能确定。

(1)气相物料泄放至大气

公式基于此种情况:可压缩流体以临界稳定状态通过弯头和垂直排放管排放到大气,反冲力 F 包括冲力和静压的影响。因此,如图 2-51 所示的安全阀,对于气体和蒸汽,反冲力计算公式为:

$$F = 129Q\sqrt{\frac{kT}{(k+1)M}} + F_c P_c \qquad (2\text{-}51)$$

式中:F——排放点(向大气排放)的反作用力,N;

   Q——任何气体、蒸汽或水蒸气的排量,kg/s;

   k——介质的比热容比($k = C_P/C_V$);

   T——排放温度,K;

   M——介质的分子量,$kg/kmol$;

   F_c——排放管出口面积,mm^2;

   P_c——排放点出口的静压力,MPa。

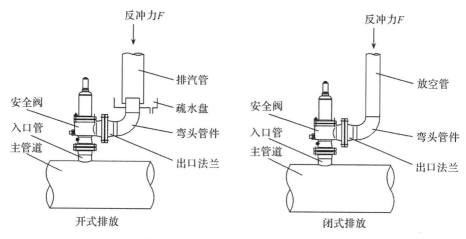

图 2-51　安全阀出口管道设计示意

（2）气相物料排放至密闭系统

泄放至密闭系统的稳态流动，在排放管中一般不会产生大的反作用力和力矩，只有在急剧膨胀点才有较大的反作用力需要计算。然而简单的分析方法不适用于闭式排放系统，需要对其配管系统进行随时间变化的复杂分析，以便获得反作用力和弯矩的实际值。

（3）液体物料的排放反冲力

液体排放时在安全阀的出口中心线处的水平反力 F 按式（2-52）计算：

$$F = 0.694 \times P_\mathrm{d} \times F_\mathrm{c} \tag{2-52}$$

其排放反作用力的计算，分以下三步进行。

1）判断排放管道出口截面处的压力

$$P_\mathrm{cl} = \frac{K_\mathrm{dr} F_\mathrm{a} P_\mathrm{d}}{0.9 F_\mathrm{c}} \left(\frac{2}{k+1} \right)^{\frac{k}{k-1}} \sqrt{\frac{1}{Z}} \tag{2-53}$$

式中：P_cl——排放管出口截面处的绝对压力，Pa；

　　　P_d——排放时安全阀进口的绝对压力，Pa；

　　　K_dr——安全阀额定排量系数；

　　　F_a——安全阀流道面积，$\mathrm{m^2}$；

　　　F_c——排放管出口截面积，$\mathrm{m^2}$；

　　　k——绝热指数；

　　　Z——气体压缩系数。

2）若 P_c 值大于或等于大气压力，则排气速度为声速，此时排放反作

用力

$$F=(1+k)\left[\frac{K_{dr}}{0.9}AP\left(\frac{2}{k+1}\right)^{\frac{k}{k-1}}\sqrt{\frac{1}{Z}}-A_{c}P_{0}\right] \tag{2-54}$$

式中：P_0——大气压力，1.013×10^5 Pa。

若 P_C 值小于大气压力，则排气速度为亚声速，此时排放反作用力

$$F=\frac{(K_{dr}AP)}{0.9}k\left(\frac{2}{k+1}\right)^{\frac{2k}{k-1}} \tag{2-55}$$

3）考虑到安全阀的排气反作用力具有冲击载荷的性质，通常还需对计算得出的排气反作用力 F 乘动载系数 ξ。

动载系数 ξ 的计算程序为：

①计算安全阀装置的周期 T；

②计算比值 t_K/T，此处 t_K 为安全阀开启时间；

③根据比值 t_K/T 查得动载系数 ξ，ξ 的值为 $1.1\sim2.0$，一般计算取 2.0。

第三章

减温减压装置的制造

减温减压装置的制造包括减温减压管道的制造、减压阀（减温减压阀）的制造、调节阀的制造和安全阀的制造等多个方面。这里重点介绍减温减压管道的制造。

第一节　原材料的管理

1.原材料仓库的管理

减温减压装置原材料的管理与锅炉压力容器原材料的管理要求是一样的。原材料不应露天存放。为了防止钢材被腐蚀，应建有相当规模的钢材库，钢材库的容纳量应能满足生产的需要，库内应配有足够吨位的起重设备。库内存放的板材、管材、型材、棒材及其他各类材料应按区域将各品种、规格的原材料分类摆放整齐，距离地面至少 300mm 以上，用木方、水泥梁或钢梁垫起，避免受潮后锈蚀产生氧化皮，使钢厂的原有标记脱落（严重腐蚀会使钢材表面产生腐蚀麻坑，减薄壁厚及降低性能）。

库房内应划分合格区、待检区和不合格区，并分别挂牌标明。验收合格的钢材应分别挂牌,牌上至少要注明如下项目:材料来源、牌号、规格、炉号、批号、检验编号和验收标准等。牌上注明的项目要与堆放的实物相符,并与入库台账及检验单据、技术资料、发放单据、记录台账等相符。钢材表面标记应清晰准确,涂打标记位置应在钢材上易于辨别。

原材料经验收合格后才能办理入库手续。入库材料的数量、吨位、材质、规格要与入库单相符。钢材堆放要合理,避免压弯和压坏。有色金属材料、不锈钢材料、钛材及对表面粗糙度有要求的材料,在搬运和堆放时要有防护措施,用包装纸或软垫隔离,以免表面划伤。

同规格同材质而材料验收标准不同的材料,严禁堆放在一起。如同样是 20 号钢,若一个是 GB/T 3087 标准,另一个是 GB/T 8163 标准,即使是同一规格,也不能堆放在一起。

入库的材料要涂打材料标记。为了区别不同型号、不同材质、不同规格、不同验收标准的材料,涂色位置和颜色也应不同。为了加强材料管理,避免混料或者错料,需要对材料进行涂色标记。制造厂家应根据企业实际用料情况,由标准化部门制定原材料识别标记的规定,供用料部门严格执行。

2. 焊材库的管理

焊材包括焊条、焊丝、焊带、焊剂,以及氩气、二氧化碳等保护气体。这里重点叙述焊条、焊丝、焊剂的库房管理。

焊材库一般分为两个等级。一级库是指储存焊条、焊丝、焊剂的总库。焊材库房应严密,可以调节温度和湿度以防止焊丝、焊条芯生锈和焊条药皮脱落。库内严格分为合格区和待检区,并分别挂牌标明。焊材在各区域内按焊材的牌号、规格分别摆放。经入厂验收合格入库的焊材,应挂牌标明焊材的来源、牌号、规格、批号和检验编号。

为了防腐、防潮和通风,焊条还应呈井字形摆放在货架上,货架离墙距离不小于 500mm,最低一层焊条离地面距离应大于 300mm。焊丝、焊剂也应离墙和离地有一定距离。

焊材一级库内温度应保持在(30±10)℃,库内保持干燥,相对湿度控制在60%以内。保管员每天记录库内温度和湿度,有超标现象应及时进行调节。

焊材库的台账要清楚、准确,尤其对焊材入库、出库、库存的数量,焊材的牌号,焊材的规格、批号及检验编号应记录齐全无误。在领料单和材质单上应检验编号填妥以便追踪检查和核实。

焊材二级库存放入厂检验合格直接供应生产车间所用的焊材。二级库内应装设焊材烘干机、保温桶、焊条头回收箱等设施。为了控制焊缝金属中扩散氢的含量,避免延迟裂纹的产生,焊条、焊剂应按要求进行烘干,碱性焊条烘干温度应控制在 $350\sim400\,℃$,酸性焊条烘干温度不应低于 $100\,℃$。低氢型焊条在常温大气中放置 4h 后应重新烘干,但重复烘干次数不宜超过 3次。当温度降至 $100\sim150\,℃$ 时,将烘干后的焊条移至 $100^{+20}\,℃$ 的保温筒内,供焊工使用。焊工应持焊条领用票领取当班施焊实际焊条量。施焊后的焊条头长度不应大于 50mm,焊条头应及时如数退库放入焊条头回收箱内。焊工不得个人保留焊条,防止用错焊条。焊剂应烘干后发放,用后的焊剂应及时回收,过筛并重新烘干后,再发放使用。

焊材的到货、交验、复验、库房保管、发放回收等应严格按照企业制定的规定执行。检查员和保管员的台账记录总入库数量应与库存发出消耗数量相符。同一批焊条的记录台账、各种报告和单据上的检验编号要一致无误,以便跟踪检查和管理。各生产部门需用焊材领用单、材质单应在焊材发出后及时转送给领用车间检查站,作为填写产品质量证明书和产品档案存档的依据。

3. 原材料发放及生产过程中的控制

(1)出库投料的钢材

出库投料的钢材必须是经入厂验收合格的材料。保管员应根据领料单、材料代用单上所注明的材质、规格、型号、数量进行发放,做到准确无误后将检验编号填写在领料单上,发料后要及时登账。领料单要分页对号保存,料单附页应及时交领料员转出。材料检查员要审核领料单上所有的项目,核对其与发放的实物相符后在领料单上签章,同时开出材料质量保证书(简称材质单)。传递的材质单上有原钢厂及入厂复验(必要时)的化学成分、力学性能和其他特殊要求的检验项目。材质单上要注明该批钢材的检验编号,材质单、领料单随材料出库,由领料员传递给用料车间检查站。仓库管理人员和材料检查员应将每批材料的去向登记清楚,便于核查。

(2)板材和管材在生产过程中的控制

受压部件所用的板材进入车间后,备料检查员应根据领料单、材质单核对实物的检验编号、牌号、炉批号、规格是否正确、相符,检查钢板厚度和表面有无超差及锈蚀情况,以及有无严重腐蚀、划痕、分层等缺陷;核实材质单上提供的各项检查项目数量是否齐全,产品图纸技术条件上对材料有特殊要求的检验项目是否遗漏,各试验数据是否合格,经检查审核无误后再下料生产。若有钢板上有标记模糊不清、无标记、牌号不对、厚度不对和有严重表面质量问题,复检数据提供不全或数据不合格者,备料检查员应及时做出标记并通知生产车间,禁止下料,同时与有关部门联系解决。

在钢板划线下料的同时,应由操作者将钢板的检验编号、材料牌号、零件编号、生产令号打在下料的筒身、补强圈等受压部件毛坯上,并用白油漆长方形图框标注。标记钢印应根据零件大小、打印位置、空间尺寸,建议采用 5 号、7 号、10 号或 15 号钢印字体。标记应打在不易消失且明显易见的位置上。标记打好后须经检查员确认其正确性,并将下料后零件的令号、材料牌号、检验编号、零件编号、下料尺寸及其他要求的项目填写在下料记录台账上。检查员应对所检项目签章。台账由检查站保留备查。

不锈钢、钛材的坯料上不允许打钢印标记,可用油漆字、记号笔、标签等方式做标记移植,并做好记录。合金钢材料应进行光谱检验确认材质。

(3)锻件在生产过程中的控制

外购、外协的锻件,入厂验收应符合合同、标准、采购规范等要求后再入库登账。锻件上标记应齐全准确,锻件的所有检验资料应齐全,经材料检查员审核无误后,可按领料单要求发货出库。

对需经机械加工的锻件,操作者应先将其标记内容计入产品加工登记卡片或工票上,经检查员确认,待加工合格后立即由操作者按产品登记卡片或工票上记载标记内容再移植到工件上。机械加工检查员应再次核实确认标记移植的准确性。批量合金钢锻件及经机械加工后再次转送的合金钢零件,在装配前,虽有钢印标记,但还需经光谱逐件检验。

(4)余料的控制

企业应建立余料退库、出库的管理制度,以便加强对余料的使用和管理。

1)下料后的材料必须进行标记移植。

2)板材应逐件打上材料牌号、检验编号及厚度尺寸。

3)外径小于等于 60mm 的钢管可以打捆,按涂色标记涂色标,外径大于

60mm 的钢管应逐件打钢印标记。

4)退库坯件必须有能辨认齐全的原始标记。

5)退库焊丝必须有原始标牌。

6)开包的焊条不能退库。

余料退库应由材料员填写退料单交保管员办理退库手续。退料单上应写清退库材料的牌号、规格、重量、检验编号、退库日期。退料单须经材料检查员审核确认与实物相符,并签章后生效。仓库保管员应按退库单将余料登记在材料明细上,并负责余料摆放和保管工作。

余料应单独存放,不能和整料堆放在一起。余料堆放应挂牌注明。余料的管理原则与成材管理要求相同。

(5)材料代用

在生产过程中,当材料的牌号、规格、型号等由于订货或供应不及时,无法提供符合设计图样要求的原材料时,为了缩短生产周期,各企业经常采用与设计相应的材料进行代用。

代用的基本原则如下。

1)代用的材料应能保证原设计要求的各项性能,同时还要保证代用后结构上的连续性。

2)代用后的材料应能保证工艺上的要求,如冷热加工成型、焊接、热处理。

3)由于原材料代用而引起的焊材变更,应能保证焊接性能,编制新的焊接工艺以保证焊后的接头质量。如采用新牌号或企业首次使用的焊材,应在焊接工艺评定合格后才能代用。

4)企业首次采用的国外材料,应进行焊接工艺评定和成型工艺试验,保证符合各项技术要求后方可代用。

材料代用的一般程序如下。

1)由供应部门填写材料代用单,经设计、工艺、检查等部门审核确认后方可代用。对大批量材料、昂贵材料、关键产品用材料及特殊材料的代用,须经总技术负责人同意签字后才能代用。

2)材料代用单只能对指定的生产令号有效。材料代用单应编制后妥善保管,待产品完工后汇总存档,并在产品竣工图和产品质量证明书上将材料代用的情况提供给用户。

第二节　管道制作

1. 切割与坡口制备

(1)碳钢、碳锰钢可采用机械加工方法或火焰切割方法切割和制备坡口。低温镍钢和合金钢宜采用机械加工方法切割和制备坡口。若采用火焰切割,切割后应采用机械加工或打磨方法去除热影响区。

(2)不锈钢、有色金属应采用机械加工或等离子切割方法切割和制备坡口。不锈钢、镍基合金及钛管采用砂轮切割或修磨时,应使用专用砂轮片。

(3)只要能表明方法的适用性,就允许采用其他切割和坡口加工工艺。

2. 标记移植

(1)管道组成件应尽量保存材料的原始标记。当切割、加工不可避免地破坏原始标记时,应采用移植方法重新进行材料标识,也可采用管道组成件的工程统一编码。

(2)所采用的标记方法应对材料表面不构成损害或污染,避免降低材料的使用性能。低温钢及钛材不得使用硬印标记。奥氏体不锈钢和有色金属材料采用色码标记时,印色应不含有损材料的物质(如硫、铅、氯等)。

(3)如采用硬印或雕刻之外的标记方法,制作者应保证不同材料之间不会产生混淆,例如可采取分别处理(时间、地点)、区分色带等方法。

3. 弯管

(1)管子弯曲应根据材料及其使用性能、输送流体工况和弯曲程度,采用适当的弯曲工艺和装备。

(2)管子可进行热弯和冷弯。弯曲温度应符合下列规定。

1)铁基材料的冷弯温度应不高于材料的相变温度。

2)热弯应在高于其相变温度范围以上进行。

3)采用焊管制作弯管时,焊缝应避开受拉(压)区。

4)弯管的圆度偏差。

①弯管的圆度偏差应按式(3-1)计算：

$$圆度偏差(\%)=\frac{2(D_{\max}-D_{\min})}{D_{\max}+D_{\min}}\times100\%\qquad(3\text{-}1)$$

式中：$D_{\max}$，$D_{\min}$——同一截面的最大、最小实测外径。

②承受内压的弯管其圆度偏差应不大于 8%，承受外压的弯管其圆度偏差应不大于 3%。

5)褶皱高度和波浪间距。

①弯管内侧褶皱高度 h 应按图 3-1 和式(3-2)计算：

$$h_{\mathrm{m}}=\frac{D_2+D_4}{2}-D_3\qquad(3\text{-}2)$$

式中：h_{m}——相邻两个褶皱的平均高度,取最大值。

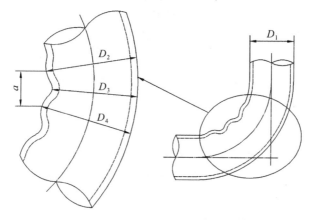

图 3-1　弯管的褶皱高度和波浪间距

②弯管内侧褶皱高度 h_{m} 应不大于管子外径的 3%，波浪间距 a 应大于等于 $12h_{\mathrm{m}}$。

6)减薄。

弯管宜采用正公差壁厚的管子制作,弯管制作前管子壁厚宜符合表3-1的规定。管子弯曲后的最小厚度应符合 GB/T 20801.3—2020 的规定。

表 3-1　弯管制作前管子壁厚

弯曲半径 R	弯管制作前壁厚
$R \geqslant 6D$	$1.06t_d$
$6D > R \geqslant 5D$	$1.08t_d$
$5D > R \geqslant 4D$	$1.14t_d$
$4D > R \geqslant 3D$	$1.25t_d$

注：D——管子外径；t_d——直管的设计厚度。

4. 板焊管

(1)管材制造厂生产的板焊管应符合相应板焊管制造标准的规定。

(2)安装、制作单位生产的公称直径大于等于 400mm 的板焊管应符合下列各项规定。

1)除设计另有规定外，板焊管的单根长度应不小于 5.3~6.8m。在此长度范围内，环向拼接焊缝应不多于 2 条（奥氏体不锈钢应不多于 3 条），相邻筒节纵缝应错开 100mm 以上。同一筒节上的纵向焊缝应不大于 2 条，两纵缝间距应不小于 200mm。有加固环的板焊管，加固环的对接焊缝应与管子纵向焊缝错开，其间距应不小于 100mm。加固环距管子的环焊缝应不小于 50mm。

2)板焊管的周长及管端直径允差应符合表 3-2 的规定。纵缝处的棱角度（用弧长为管子周长 1/6~1/4 的样板，在管内壁测量）应不大于壁厚的 10%+2mm，且不大于 3mm。

对接焊缝的错边量应不大于壁厚的 25%，且纵缝的错边量应不大于 3mm。

表 3-2　板焊管的周长允差及直径允差　　　　（单位：mm）

公称直径	400~700	800~1200	1300~1600	1700~2400	2600~3000	>3000
周长允差	±5	±7	±9	±11	±13	±15
直径允差	4	4	6	8	9	10

注：直径允差为管端（100mm 以内）最大外径与最小外径之差。

3)壁厚允差。

①锅炉、压力容器级钢板：应符合相应钢板标准的规定，负偏差应不超过 0.25mm。

②非锅炉、压力容器级钢板：应符合相应板焊管制造标准的规定。

4)直度允差应不大于板焊管单根长度的 0.2%,其余尺寸允差应符合相应板焊管制造标准的规定。

5)板焊管制作过程中应防止板材表面损伤。对有严重伤痕的部位应进行修磨,使其圆滑过渡,且修磨处的壁厚不应小于设计壁厚。

6)板焊管的焊接、焊后热处理和检验、检查应符合规范第 5 部分(GB/T 20801.5—2020)的相关规定。

7)板焊管应逐根进行压力试验,试验压力应符合规范第 5 部分(GB/T 20801.5—2020)的相关规定。经业主或设计同意,可采用 GB/T 20801.5—2020 规定的纵、环焊缝 100% 射线照相或 100% 超声波检测代替板焊管的压力试验。

5. 斜接弯头

除设计另有规定外,斜接弯头的制作应符合下列规定。焊接应符合规范(GB/T 20801—2020)的规定。检验和检查应符合规范第 5 部分(GB/T 20801.5—2020)的相关规定。

(1)斜接弯头可按如图 3-2 所示的组成形式进行配置。公称直径大于 400mm 的斜接弯头可增加中节数量,但其内侧的最小宽度不得小于 50mm。

(2)斜接弯头的焊接接头应采用全焊透焊缝。

(3)斜接弯头的周长允许偏差:公称直径大于 1000mm 时为 ±6mm,公称直径小于或等于 1000mm 时为 ±4mm。

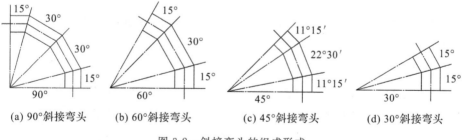

图 3-2 斜接弯头的组成形式

6. 翻边接头

翻边接头的加工应符合 GB/T 20801.3—2020 和下列规定。

（1）焊制翻边接头的基本型式应符合如图 3-3 所示的规定。焊后应对翻边部位机械加工或整形。

密封面的表面粗糙度应符合法兰标准的规定。外侧焊缝应进行修磨，以不影响松套法兰内缘与翻边的装配。

（2）扩口翻边后的外径及转角半径应能保证螺栓及法兰的装配，翻边端面与管子中心线应垂直，垂直度允差不大于 $1°$。

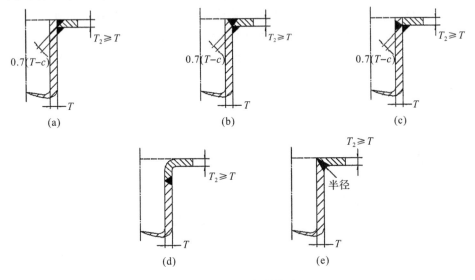

图 3-3　典型的焊制翻边

7. 夹套管

（1）夹套管的加工应符合设计文件的规定。内管管件应使用无缝或无缝对焊管件，不得使用斜接弯头。内管焊缝经无损检测及试压合格后，方可装配外管。

（2）外管与内管间的间隙应均匀，并应按设计文件的规定焊接支承块。支承块不得妨碍夹套内介质流动和内管与外管的胀缩。支承块的材质应与内管材质相同。一般情况下，支承块与弯管起弯点距离宜为 0.5～1.2m，直管段上支承块间距宜为 3～5m。

8. 支吊架

（1）管道支吊架的型式、材质、加工尺寸及精度应符合设计文件的规定。

支吊架现场制作应符合 GB/T 17116.1 第 6 章和设计文件的规定。

（2）管道支吊架的组装尺寸与焊接方式应符合设计文件的规定。制作后应对焊缝进行目视检查，焊接变形应予以矫正。所有螺纹连接均应按设计要求予以锁紧。

第三节　焊　接

1.焊接工艺评定和焊工技能评定

所有管道承压元件的焊接（包括承压件与非承压件的焊接），必须采用经评定合格的焊接工艺，并由合格的焊工进行施焊。焊接工艺评定和焊工技能评定应分别符合 NB/T 47014 及《锅炉压力容器压力管道焊工考试与管理规则》的规定。

2.焊接材料

（1）焊接材料（包括焊条、焊丝、焊剂及焊接用气体）使用前应按设计文件和相关标准的规定进行检查和验收。焊接材料应具有质量证明文件和包装标记。

（2）焊接材料的储存环境应保持适宜的温度及湿度。室内应保持干燥、清洁，相对湿度应不超过 60%。

（3）库存期超过规定期限的焊条、焊剂及药芯焊丝，经复验合格后方可使用。复验应以考核焊接材料是否产生可能影响焊接质量的缺陷为主，一般仅限于外观及工艺性能试验。但对焊接材料的使用性能有怀疑时，可增加必要的检验项目。

规定期限自生产日期始，可按下述方法确定。

1）焊接材料质量证明书或说明书推荐的期限。

2）酸性焊接材料及防潮包装密封良好的低氢型焊接材料为 2 年。

3）石墨型焊接材料及其他焊接材料为 1 年。

（4）焊条的烘干规范可参照焊接材料说明书。焊丝使用前应按规定进行除油、除锈及清洗处理。

(5)使用过程中应注意保持焊接材料的识别标记,以免错用。

3. 焊接环境

(1)焊接时的环境温度应能保证焊件的焊接温度和焊工技能不受影响。

(2)焊接时的风速应不超过下列规定,当超过规定时,应有防风设施。

1)手工电弧焊、埋弧焊、氧乙炔焊:8m/s。

2)钨极气体保护焊、熔化极气体保护焊:2m/s。

(3)焊接电弧 1m 范围内的相对湿度应符合下列规定。

1)铝及铝合金焊接:应不大于 80%。

2)其他材料焊接:应不大于 90%。

(4)当焊件表面潮湿,覆盖有冰雪、雨水,以及刮风期间,焊工及工件无保护措施时,应停止焊接。

4. 焊前准备

(1)坡口制备

1)坡口加工应符合图样的规定。坡口表面应光滑并呈金属光泽,热切割产生的熔渣应清除干净。

2)坡口形式和尺寸应符合设计文件和焊接工艺指导书(welding procedure specification,WPS)的规定。典型的对接接头坡口型式和尺寸如图 3-4 所示。

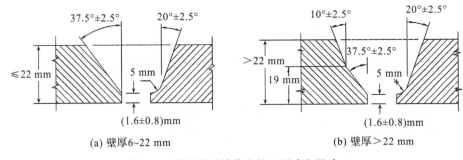

图 3-4　典型的对接接头坡口型式和尺寸

3)当设计文件、相关标准对坡口表面要求进行无损检测时,检测及对缺陷的处理必须在施焊前完成。

（2）清理

焊件坡口及内外表面,应在焊接前按表 3-3 要求进行清理,去除油漆、油污、锈斑、熔渣、氧化皮,以及加热时对焊缝或母材有害的其他物质。

表 3-3 坡口及其内外表面的清理

材料	清理范围/mm	清理对象	清理方法
碳钢、低温钢、铬钼合金钢、不锈钢	≥10	油、漆、锈、毛刺等污物	手工或机械等方法
铝及铝合金	≥50	油污、氧化膜等	有机溶剂除油污,化学或机械方法除氧化膜
铜及铜合金	≥20		
钛及钛合金、镍及镍合金	≥50		

（3）组对

1）坡口对接焊缝。

①坡口对接焊缝的组对应做到内壁齐平,内壁错边量应符合设计文件、焊接工艺指导书（WPS）或表 3-4 的规定。

表 3-4 管道组对内壁错边量

材料		内壁错边量
钢		不大于壁厚的 10%,且≤2mm
铝及铝合金	壁厚≤5mm	≤0.5mm
	壁厚>5mm	不大于壁厚的 10%,且≤2mm
铜及铜合金、钛及钛合金、镍及镍合金		不大于壁厚的 10%,且≤1mm

②不等壁厚的工件对接时,薄件端面的内侧或外侧应位于厚件端面范围之内。当内壁边量大于如表 3-4 所示的规定,或外壁错边量大于 3mm 时,焊件端部应如图 3-5 所示进行削薄修整。端部削薄修整不得导致加工后的壁厚小于设计厚度 t。

2）支管连接焊缝。

①安放式支管的端部制备及组对应符合图 3-5(a)(b)的要求。

②插入式支管的主管端部制备及组对应符合图 3-5(c)的要求。

③主管开孔与支管组对时的错边量应不大于 m 值［如图 3-6(a)(b)所示］,必要时可堆焊修正。

3)接头的根部间隙应控制在焊接工艺指导书的允许范围内。

4)除设计文件规定的管道预拉伸或预压缩焊口外,不得强行组对。需预拉伸或预压缩的管道焊缝,组对时所使用的工卡具在整个焊缝焊接及热处理完毕并经检验合格后方可拆除。

5)焊件组对时应垫置牢固,并应采取措施以防止焊接和热处理过程中产生附加应力和变形。

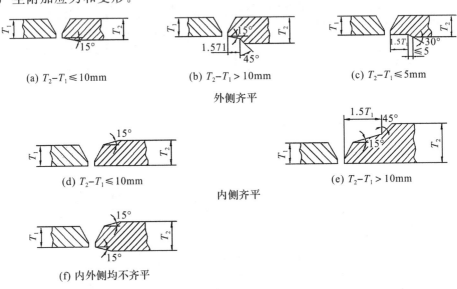

(a) $T_2-T_1 \leqslant 10mm$ (b) $T_2-T_1 > 10mm$ (c) $T_2-T_1 \leqslant 5mm$

外侧齐平

(d) $T_2-T_1 \leqslant 10mm$ (e) $T_2-T_1 > 10mm$

内侧齐平

(f) 内外侧均不齐平

图 3-5 不等壁厚对接焊件的端部加工

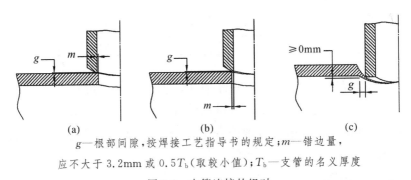

(a) (b) (c)

g—根部间隙,按焊接工艺指导书的规定;m—错边量,
应不大于 3.2mm 或 $0.5T_b$(取较小值);T_b—支管的名义厚度

图 3-6 支管连接的组对

(4)定位焊缝

1)定位焊缝焊接时,应采用与根部焊道相同的焊接材料和焊接工艺,并应由合格的焊工施焊。

2)定位焊缝的长度、厚度和间距应能保证焊缝在正式焊接的过程中不致开裂。

3)根部焊接前,应对定位焊缝进行检查。如发现缺陷,处理后方可施焊。

4)焊接的工卡具材质宜与母材相同或为 NB/T 47014—2011 中的同一类别号。拆除工卡具时不应损伤母材,拆除后应将残留的焊疤打磨修整至与母材表面齐平。

(5)焊接设备

焊接设备及辅助装备等应处于正常工作状态,安全可靠,仪表应定期校验。

5. 焊接的基本要求

(1)焊缝(包括为组对而堆焊的焊缝金属)应由经评定合格的焊工,按评定合格的焊接工艺指导书进行焊接。

(2)除工艺或检验要求需分次焊接外,每条焊缝宜一次连续焊完。当因故中断焊接时,应根据工艺要求采取保温缓冷或后热等防止产生裂纹的措施。再次焊接前应检查焊层表面,确认无裂纹后,方可按原工艺要求继续施焊。

(3)在根部焊道和盖面焊道上不得进行锤击。

(4)焊接连接的阀门施焊时,所采用的焊接顺序、工艺及焊后热处理,均应保证不影响阀座的密封性能。

(5)不得在焊件表面引弧或试验电流。设计温度≤−20℃的管道、淬硬倾向较大的合金钢管道、不锈钢及有色金属管道的表面均不得有电弧擦伤等缺陷。

(6)内部清洁要求较高且焊接后不易清理的管道、机器入口管道及设计规定的其他管道的单面焊焊缝,应采用氩弧焊进行根部焊道焊接。

(7)规定焊接线能量的焊缝,施焊时应测量电弧电压、焊接电流及焊接速度并进行记录。焊接线能量应符合焊接工艺指导书的规定。

(8)规定焊缝层次时,应检查焊接层数,其层次数及每层厚度应符合焊接工艺指导书的规定。

(9)规定层间温度的焊缝,应测量层间温度,层间温度应符合焊接工艺指导书的规定。

(10)多层焊接每层焊完后,应立即进行清理和目视检查。如发现缺陷,应消除后进行下一层焊接。

（11）规定进行层间无损检测的焊缝,无损检测应在目视检查合格后进行,表面无损检测应在射线照相检测及超声波检测前进行,经检测的焊缝在评定合格后方可继续进行焊接。

（12）每个焊工均应有指定的识别代号。除工程另有规定外,管道承压焊缝应标有焊工识别标记。对无法直接在管道承压件上作焊工标记的,应用简图记录焊工识别代号,并将简图列入交工技术文件。

6. 焊缝设置

管道焊缝的设置应避开应力集中区,便于焊接和热处理,且应符合下列规定（夹套管除外）。

（1）直管段上两对接环焊缝中心面间的距离,当公称直径大于或等于150mm 时,应不小于 150mm;当公称直径小于 150mm 时,应不小于管子外径。

（2）管道环焊缝距离弯管（不包括弯头）起弯点不得小于 100mm,且不得小于管子外径。

（3）管道环焊缝距支、吊架净距应不小于 50mm。需热处理的焊缝距支、吊架不得小于焊缝宽度的 5 倍,且不得小于 100mm。

（4）不宜在焊缝及其边缘上开孔。当必须在焊缝上开孔或开孔补强时,应对以开孔中心为中心的开孔直径 1.5 倍或补强板直径范围内的焊缝进行无损检测,确认焊缝合格后,方可进行开孔。补强板覆盖的焊缝应磨平。

7. 填角焊缝

（1）填角焊缝（包括承插焊缝）可呈凹形或凸形,焊缝尺寸应符合图 3-7 的规定。

（2）平焊法兰或承插焊法兰的填角焊缝应符合图 3-8 的规定。其他承插焊接头的最小焊接尺寸应符合图 3-9 的规定。

注 1:等边填角焊缝的焊脚尺寸为焊缝最大内切等腰直角三角形的股长,焊缝厚度为 0.7 倍焊脚尺寸。

注 2:不等边填角焊缝的焊脚尺寸为内切于焊缝截面的最大直角三角形的股长。

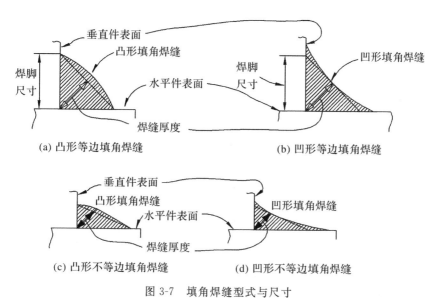

图 3-7　填角焊缝型式与尺寸

注：$X_{\min}$ 取直管名义厚度的 1.4 倍或法兰颈部厚度两者中的较小值。

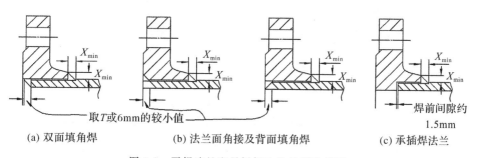

图 3-8　平焊法兰和承插焊法兰的填角焊缝

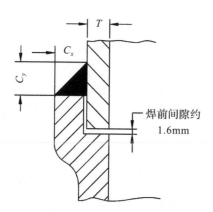

图 3-9　除法兰外的其他承插焊接头的最小焊接尺寸

8. 支管的焊接连接

支管与主管的焊接连接应符合如图 3-10 所示的支管连接焊缝形式和下述焊缝尺寸的规定。

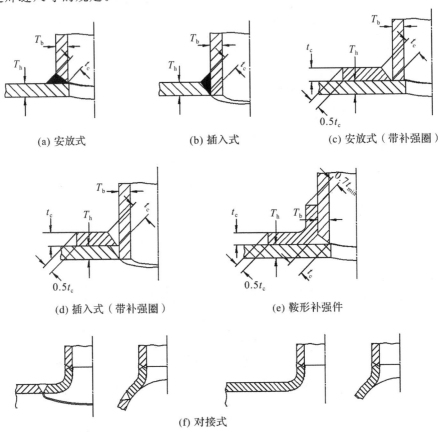

(a) 安放式   (b) 插入式   (c) 安放式（带补强圈）

(d) 插入式（带补强圈）   (e) 鞍形补强件

(f) 对接式

图 3-10　支管连接的焊缝形式

(1)安放式焊接支管或插入式焊接支管的连接,包括整体补强的支管台,应采用全焊透的坡口焊缝,盖面的角焊缝厚度应大于等于 t_c,如图 3-10(a)和(b)所示。

(2)补强圈或鞍形补强件的焊接应符合下列规定。

1)补强圈应采用全焊透的坡口焊缝连接到支管上,盖面的角焊缝厚度应大于等于 t_c,如图 3-10(c)和(d)所示。

2)鞍形补强件与支管连接的填角焊缝厚度应大于等于 $0.7t_{min}$,如图

3-10(e)所示。

3)补强圈或鞍形补强件外缘与主管连接的填角焊缝厚度应大于等于 $0.5Tr$,如图 3-10(c)(d)和(e)所示。

4)补强圈和鞍形补强件应与主管、支管很好地贴合。应在补强圈或鞍形补强件的高位(不在主管轴线处)开一通气孔,用于焊缝焊接和检漏时的通气。补强圈或鞍形补强件可采用多块拼接组成,但拼接焊缝应与母材等强度,且每块拼板均应开通气孔。

5)应在支管与主管的连接焊缝检查和修补合格后,再进行补强圈或鞍形补强件的焊接。

9. 焊缝返修

(1)返修前应对缺陷产生的原因进行分析,提出相应的返修措施。

(2)补焊应采用经评定合格的焊接工艺,并由合格焊工施焊。预热和焊后热处理应与原焊接要求相同。

(3)同一部位(指焊补的填充金属重叠的部位)的返修次数超过 2 次时,应重新制定返修措施,经施焊单位技术总负责人批准后方可进行返修。

(4)返修后应按原规定的检验方法重新检验,并连同返修及检验记录(明确返修次数、部位、返修后的无损检测结果)一并记入交工技术文件。

(5)要求焊后热处理的管道,应在热处理前进行返修。如在热处理后进行焊接返修,返修后应重新热处理。

第四节 预 热

1. 一般规定

预热的必要性及预热温度应在焊接工艺指导书中规定,并经焊接工艺评定验证。本节适用于管道所有类型的焊接,包括定位焊、补焊和螺纹接头的密封焊。当用热加工法切割、开坡口、清根、开槽或施焊临时焊缝时,亦应考虑预热要求。

2. 预热温度

(1)各种材料所要求和推荐的最低预热温度如表 3-5 所示。若环境温度低于 0℃,则表 2-30 中的推荐温度即为本规范规定的预热温度。

(2)焊接不同预热要求的材料时,应符合表 3-5 中的较高预热温度要求。

(3)需要预热的焊件,其层间温度应不低于预热温度。

3. 预热温度的测量

(1)预热温度应采用测温笔、热电偶或其他合适方法进行测量并记录,以保证在焊前及焊接过程中达到和保持焊接工艺指导书中规定的温度。测量仪表应经计量检定合格。

(2)热电偶可用电容储能放电焊直接焊在工件上,不必进行焊接工艺评定和技能评定。去除热电偶后,应检查焊点区域是否存在缺陷。

表 3-5 预热温度

母材类别	较厚件的名义壁厚/mm	规定的母材最小抗拉强度/MPa	最低预热温度/℃	
			规定	推荐
碳钢(C) 碳锰钢(C-Mn)	<25	≤490	—	10
	≥25	全部	—	80
	全部	>490	—	80
合金钢(C-Mo、Mn-Mo、Cr-Mo)Cr≤0.5%	<13	≤490	—	10
	≥13	全部	—	80
	全部	>490	—	80
合金钢(Cr-Mo)0.5%<Cr≤2%	全部	全部	150	—
合金钢(Cr-Mo)2.25%≤Cr≤10%	全部	全部	175	—
马氏体不锈钢	全部	全部	—	150[2]
铁素体不锈钢	全部	全部	—	10
奥氏体不锈钢	全部	全部	—	10[1]
低温镍钢(Ni≤4%)	全部	全部	—	95
8Ni、9Ni 钢	全部	全部	—	10
5Ni 钢	全部	全部	10	—
铝、铜、镍、钛及其合金	全部	全部	—	10

注:1. 奥氏体不锈钢焊接时,层间温度宜低于 150℃;

2. 马氏体不锈钢焊接时,层间最高温度 315℃。

（3）预热区域应以焊缝中心为基准，每侧应不小于焊件厚度的 3 倍，且不小于 25mm。

（4）焊接中断时，应控制合理的冷却速度或采取其他措施防止对管道产生有害影响。再次焊接前，应按焊接工指导书的规定重新进行预热。

第五节　热处理

压力管道焊接、弯曲和成形后的热处理非常重要，关系到减温减压装置设备的安全运行，这些要求是压力管道及其组成件热处理的基本要求。

1.弯曲和成形后的热处理

（1）除弯曲或成形温度始终保持在 900℃ 以上的情况外，壁厚大于 19mm 的碳钢管弯曲或成形加工后，应按如表 3-6 所示的规定进行热处理。

（2）公称直径大于 100mm 或壁厚大于 13mm 的碳钢、碳锰钢、铬钼合金钢、低温镍钢管弯曲或成形加工后，应按下列要求进行热处理。

1）热弯或热成形加工后应按设计文件的要求进行完全退火、正火、正火加回火或回火热处理。

2）冷弯或冷成形加工后的热处理应符合表 3-6 的规定。

（3）本规范要求进行冲击试验的材料在冷成形或冷弯后，其成形应变率大于 5% 者应按表 3-6 的规定进行热处理。

（4）高温使用的奥氏体不锈钢以及镍基合金，冷、热弯曲或成形后应按表 3-7 的规定进行热处理。

表 3-6　热处理基本要求

母材类别	名义厚度/mm	母材最小规定抗拉强度/MPa	金属热处理温度/℃	保温时间/(min/mm)	最短保温时间/h	布氏硬度[2]≤
碳钢(C)碳锰钢(C-Mn)	≤19	全部	不要求	—	—	—
	>19		600~650	2.4	1	200
合金钢(C-Mo、Mn-Mo、Cr-Mo)Cr≤0.5%	≤19	≤490	不要求	—	—	—
	>19	全部	600~720	2.4	1	225
	全部	>490	600~720	2.4	1	225
合金钢(Cr-Mo)0.5%<Cr≤2%	≤13	≤490	不要求	—	—	—
	>13	全部	700~750	2.4	2	225
	全部	>490	700~750	2.4	2	225
合金钢(Cr-Mo)2.25%≤Cr≤3%	≤13	全部	不要求	—	—	241
	>13	全部	700~760	2.4	2	241
合金钢(Cr-Mo)3%<Cr≤10%	全部	全部	700~760	2.4	2	241
马氏体不锈钢	全部	全部	730~790	2.4	2	241
铁素体不锈钢	全部	全部	不要求	—	—	—
奥氏体不锈钢	全部	全部	不要求	—	—	187
低温镍钢(Ni≤4%)	≤20	全部	不要求	—	—	—
	>20	全部	600~640	1.2	1	
双相不锈钢	全部	全部	1	1.2	0.5	

注:1.双相不锈钢焊后热处理既不要求也不禁止,但热处理应按材料标准要求;

　　2.设计有规定时,碳钢和奥氏体不锈钢的硬度可按列数值控制。

表 3-7　高温使用的材料弯曲、成形后的热处理要求

材料类别及使用条件	成形应变率/%	热处理与否
设计温度小于 675℃ 的奥氏体不锈钢及镍-铁-铬合金(800H、800HT)热弯或热成形	>15	固溶处理
设计温度大于等于 675℃ 的奥氏体不锈钢(H 级)及镍-铁-铬合金(800H、800HT)热弯或热成形	>10	固溶处理
奥氏体不锈钢及镍基合金(800H、800HT)冷弯或冷成形		按设计规定

注:1.采用管子扩口、缩口、引伸、镦粗时,成形应变率为本表规定值的一半;

　　2.固溶热处理的保温时间为 20min/25mm 或 10min,取较大值。随后进行快速冷却。

(5)成形应变率的计算

1)管子弯曲,取下列式(3-3)和(3-4)中的较大值:

$$应变率(\%)=\frac{50D_1}{R} \tag{3-3}$$

$$应变率(\%)=\left(\frac{T_1-T_2}{T_1}\right)\times100 \tag{3-4}$$

2)以板成形的圆筒、锥体或管子按式(3-5)计算。

$$应变率(\%)=\frac{T_m}{R_f}\times50 \tag{3-5}$$

3)以板成形的凸型封头、折边等双向变形的元件按式(3-6)计算。

$$应变率(\%)=\frac{75T}{R_f} \tag{3-6}$$

4)管子扩口、缩口或引伸、镦粗,取式(3-7)至式(3-9)绝对值的最大值。

①环向应变

$$应变率(\%)=\left(\frac{D_1-D_e}{D_1}\right)\times100 \tag{3-7}$$

②轴向应变

$$应变率(\%)=\left(\frac{L-L_e}{L}\right)\times100 \tag{3-8}$$

③径向应变

$$应变率(\%)=\left(\frac{T_1-T_2}{T_1}\right)\times100 \tag{3-9}$$

式中：D_1——管子外径,mm;

$\quad\quad R$——管子中心线弯曲半径,mm;

$\quad\quad T_m$——板材名义厚度,mm;

$\quad\quad T_1$——管子初始平均厚度,mm;

$\quad\quad T_2$——成形后管子最小厚度,mm;

$\quad\quad D_e$——成形后圆筒或管子的外径,mm;

$\quad\quad R_f$——成形后最小曲率半径(厚度中心处),mm;

$\quad\quad L$——管子变形区初始长度,mm;

$\quad\quad L_e$——成型后管子变形区的长度,mm。

5)有应力腐蚀倾向的管道及对消除应力有较高要求的管道,弯曲或成形加工后的热处理应符合设计文件的规定。

2. 焊后热处理

(1)焊后热处理的基本要求

1)焊后热处理工艺应在焊接工艺指导书中规定,并经焊接工艺评定验证。

2)焊后热处理温度应符合表 3-6 的规定。

3)调质钢焊缝的焊后热处理温度应低于其回火温度。

4)铁素体钢之间的异种钢焊后热处理,应按表 3-6 两者之中的较高热处理温度进行,但不应超过另一侧钢材的临界点 Ac_1。

5)有应力腐蚀倾向的焊缝应进行焊后热处理。

6)对容易产生焊接延迟裂纹的钢材,焊后应及时进行热处理。当不能及时进行焊后热处理时,应在焊后立即均匀加热至 $200\sim300℃$,并保温缓冷。加热保温范围应与焊后热处理要求相同。

(2)热处理厚度

按表 3-6 进行焊后热处理时,热处理厚度应为焊接接头处较厚的工件厚度。但下列几种情况除外。

1)管连接时,热处理厚度应是主管或支管的厚度,而不计入支管连接件(包括整体补强或非整体补强件)的厚度。但如果任一截面上支管连接的焊缝厚度大于表 3-6 所列厚度的 2 倍,应进行焊后热处理。支管连接的焊缝厚度计算应符合表 3-8 的规定。

表 3-8　支管连接结构的焊缝厚度

支管连接结构形式	焊缝厚度
焊接支管(安放式),如图 3-10(a)所示	$\overline{T}_b+t_c$
焊接支管(插入式),如图 3-10(b)所示	$\overline{T}_h+t_c$
补强圈补强的焊接支管(安放式),如图 3-10(c)所示	$\overline{T}_b+t_c$ 或 $\overline{T}_r+t_c$,取较大者
补强圈补强的焊接支管(插入式),如图 3-10(d)所示	$\overline{T}_h+\overline{T}_r+t_c$
鞍形补强件补强的焊接支管,如图 3-10(e)所示	$\overline{T}_b+t_c$

2)于平焊法兰、承插焊法兰、公称直径小于等于 50mm 的管子连接角焊缝和螺纹接头的密封焊缝以及管道支吊架与管道的连接焊缝,如果任一截面的焊缝厚度大于表 3-6 所列厚度的 2 倍,应进行焊后热处理。但下述情况可不要求热处理。

①碳钢材料,当焊缝厚度≤16mm 时,任一厚度的母材都不需要进行热处理。

②铬钼合金钢材料(Cr≤10%),当焊缝厚度≤13mm 时,如果预热温度

不低于表 3-5 推荐的最低值,且母材规定的最小抗拉强度小于 490MPa,则任一厚度的母材都不需要进行热处理。

③对于铁素体钢材料,当焊缝采用奥氏体或镍基填充金属时,不需进行热处理。但应考虑操作条件(如高温下不同线膨胀系数或腐蚀等)对焊缝不产生有害影响。

3. 加热和冷却

(1)热处理应保证温度的均匀性和温度控制,可采用炉内加热、局部火焰加热、电阻或电感应等加热方法。可采用炉冷、空冷、局部加热、绝热或其他合适的方法来控制冷却速率。

(2)一般情况下,热处理的加热和冷却速率应符合下列规定(T 为热处理部位的最大厚度)。

1)当温度升至 400℃以上时,加热速率应不大于 205℃/h,且不得大于 205℃/h。

2)保温后的冷却速率不应大于 260℃/h,400℃以下可自然冷却。

4. 热处理温度的测量

(1)热处理温度应采用热电偶或其他合适的方法进行测量,热电偶采用电容储能放电焊的规定。

(2)宜采用自动测温记录仪在整个热处理过程中连续测量记录热处理温度。测温记录仪在使用前应经校验合格。

5. 硬度检查

(1)要求焊后热处理的焊缝、热弯和热成形加工的管道元件,热处理后应测量其硬度值。焊缝的硬度测定区域应包括焊缝和热影响区,热影响区的测定区域应紧邻熔合线。

(2)硬度检查数量。

1)表 3-6 中有硬度值要求的材料,炉内热处理的每一热处理炉次应至少抽查 10% 进行硬度值测定;局部热处理者应 100% 进行硬度值测定。

2)表 3-6 中未注明硬度值要求的材料,每炉(批)次至少应抽查 10% 进行硬度值测定。

（3）除设计另有规定外，焊缝热处理后的硬度值应符合下列规定。

1）表 3-6 中有硬度值要求的材料，焊缝和热影响区的硬度值应符合表 3-6 的规定。

2）表 3-6 中未注明硬度值要求的材料，焊缝和热影响区的硬度值：碳钢不应大于母材硬度值的 120%，其他材料不应大于母材硬度值的 125%。

（4）异种金属材料焊接时，两侧母材和焊缝均应符合表 3-6 规定的各自硬度值范围。

6. 替代热处理

正火、正火加回火或退火可代替焊接、弯曲或成形后的消除应力热处理，但焊缝和母材的力学性能应符合相应标准和规范要求。

7. 热处理基本要求的变更

（1）设计可根据具体工况条件，变更或调整消除应力热处理的基本要求，包括规定更为严格的要求（如对厚度较薄材料的热处理和硬度限制）；也可放宽或取消热处理和硬度试验要求。

（2）当设计放宽消除应力热处理和硬度试验要求时，设计应具备可供类比的成功使用经验，并考虑工作温度及其影响、热循环频率及其强度、柔性分析的应力水平、脆性破坏及其他有关因素。此外还应进行包括焊接工艺评定在内的有关试验。

8. 分段热处理

当装配焊接后的管道不能整体进炉热处理时，允许分段热处理。分段处应有宽度≥300mm 的搭接带。分段热处理时，炉外的部分应适当保温，以防止温度梯度过大。

9. 局部热处理

局部热处理时，加热范围应包括主管或支管的整个环形带均达到规定的温度范围。加热环形带应有足够的宽度。焊缝局部热处理的加热范围每侧应不小于焊缝宽度的 3 倍;弯管局部热处理的加热范围应包括弯曲或成形部分及其两侧至少 25mm 的宽度。加热带以外部分应在 100～150mm 保温。

10. 重新热处理

热处理后进行焊接返修、弯曲、成形加工,或硬度检查超过规定要求的焊缝,应重新进行热处理。

第四章

减温减压装置安装、维护和使用

第一节　减温减压装置安装

减温减压装置安装的规定如下。

①严格按图样要求和相关标准规范进行安装。

②减温减压装置入口、出口处均需安装切断阀(闸阀、截止阀、球阀等阀门)。

③安全阀蒸汽管道正下方必须安装固定支座,以防止安全阀开启后排汽反作用力对装置造成损害。

④用户自行配设的与减温减压阀连接的管道处应安装活动支座,以防止管道振动。

⑤安全阀出口处应装设排汽管,直通安全排放地点,排汽管上不允许装设阀门,排汽管应有足够的流通截面积,保证排汽畅通。为避免排汽管道载荷集中在安全阀上,影响安全阀性能,排放出口管道必须安装支吊架,支吊架位置应正确,安装须牢固,并与管子接触良好。

⑥在装置管道出口最低处应装有吹洗、取样、疏水排污用的阀门,安全阀排汽管底部应装有接到安全地点的疏水管。

⑦给水系统管路在截止阀或节流装置前面须安装过滤器。

⑧减温水若需安装水泵,请严格按水泵的介质流动方向和使用说明书的要求安装。

⑨若蒸汽管路和给水系统设有流量计,为了保证测量精度,安装时应考虑前后管道直段距离,流量计上游直段距离最小为管道内径的 10 倍,下游直段距离最小为管道内径的 5 倍,直管段上不得有影响测量精度的其他设备,具体见流量计使用说明书和热工仪表安装规范。

⑩减压阀、止回阀、截止阀、节流阀、调节阀、节流装置等配套阀门应按阀门上的介质流向示意方向安装。

⑪装置安装在易燃、易爆场合的,减压阀、调节阀等阀门驱动机构应采用防爆型,建议采用隔爆型电动执行机构或气动执行机构,电气控制部分也应采用隔爆型。

⑫为了方便减压阀解体维修,该阀安装时需离地平面有一定的高度,具体尺寸应按减温减压装置总图。

⑬装置出口测温和测压点必须在装置出口 1m 以后。

⑭新安装或检修后重新使用的安全阀,应校验其整定压力和密封压力。安全阀校验后,须加锁或铅封。使用的安全阀每年至少应校验一次,并符合相应规范。

⑮建议在减温减压装置的出口处装设对空排汽阀。

第二节　减温减压装置的吹洗

减温减压装置在使用前必须进行吹洗,以清除管道系统内部的污垢和杂物。吹洗措施应经过技术人员批准,并符合相关技术、安全规范的要求。蒸汽管道部分应用不高于减温减压装置出口蒸汽压力的蒸汽进行吹洗;减温水部分管路系统应用不高于减温水压力的水进行清洗。吹洗前管道须预热和管道疏水。

为了避免蒸汽管道吹洗时的污垢和杂物进入减压阀,在吹洗时应分阶段进行。首先,对减温减压装置前面的管路进行吹洗,吹洗 2 次以上,确认干净后接通减压阀。然后,对装置及后面的管路进行吹洗,吹洗 2 次以上。此时减压阀要全开,注意吹洗压力,适当时用装置前面切断阀控制压力,避免安全阀起跳。同时及时检查减压阀是否有卡阻现象,若有则及时处理。若有条件,拆除安全阀用盲板代替。

装置给水系统清洗也应分阶段进行。装有给水节流装置的,首先,清洗节流装置前面的给水管路,清洗 2 次以上,确认干净后连接节流装置,避免杂物堵住节流圈上的小孔。然后,对节流装置及后面的管路进行清洗,清洗 2 次以上,此时给水调节阀、截止阀、节流阀须全开。没有节流装置的,可以直接清洗。清洗时给水管法兰与混合管道喷嘴进口处进水法兰均不应连接,以便于清洗水直接从该法兰中排出,避免污垢和杂物堵塞喷水孔。

减温减压装置整体吹洗后,应检查过滤器滤网有无堵塞现象,若有,则及时清除。

第三节　减温减压装置的调试

在减温减压装置运转前,必须检查管道法兰之间及法兰和附件之间的连接是否正确、牢固,检查各类阀门的启闭状态及安全保护装置是否正常,检查是否在规定地点装设仪表,并确认仪表控制盘上电路是否接通。

关闭减温减压装置入口处的切断阀和给水系统的截止阀,试验减温减压阀和给水调节阀的动作情况;检查阀门开启的位置与电动执行机构行程是否协调一致,检查时可用操作执行机构上的手轮来验证减压阀或给水阀调节阀位置与执行机构信号是否一致,检查变送器的零件与终点开关之间的相互作用是否一致,以确定阀门与执行器是否具备投运条件。

检查蒸汽用户准备工作情况,并通知用户及锅炉房,做好运行准备。

运行前减温减压装置及通向用户的管道部件须预热,以防止这些部件和零件产生附加应力。预热前,先将减压阀稍微开启(约开启总行程的 2%),然后将切断阀(减压阀前面的装置)慢慢打开,利用入口蒸汽预热减压阀、蒸汽管道及通向用户的管道和附件。预热时蒸汽压力不超过0.02MPa～0.05MPa,预热时间根据整个装置大小和管道总长度来决定,但不能少于30min。同时检查给水压力是否正常,如正常,可慢慢打开给水系统的截止阀和节流阀。

如用户另有其他热源可预热,其预热要求须符合上述要求。

预热后,逐渐打开减压阀前面的切断阀,同时关闭旁通阀,以每分钟 0.10MPa~0.15MPa 压力进行升压,在升压的同时,手动操纵减压阀、给水调节阀执行机构的手轮,以保证蒸汽参数在规定范围内。

升压过程中,必须对冲量式安全阀进行整定压力校验。当压力升高到管道内额定压力的 50% 时,将冲量式安全阀的杠杆向上抬起,检查主安全阀开启和关闭动作是否灵敏,当蒸汽压力达到规定的安全阀整定压力时,固定并锁紧重锤。此时,冲量安全阀应再动作一次,检查其整定压力是否正常,安全阀动作是否灵敏,有无卡阻现象。然后对重锤和杠杆加以铅封或加锁。

若蒸汽管道上装设弹簧安全阀,须对弹簧安全阀进行整定压力、回座压力试验,检查其整定压力是否正常,动作是否灵敏,有无卡阻现象。达到要求后,再对安全阀加以铅封。

减温减压装置上的疏水阀,当压力达到规定值时,应自动将冷凝水排出。

减温减压装置调试完毕,蒸汽参数正常后,即可投入自动控制状态运行。自动控制仪表和热力控制柜的调试按自动控制仪表说明书和控制装置说明书进行。

减温减压装置停止工作时,应预先通知锅炉房及用户。首先逐渐关闭入口处切断阀,然后手动关闭减压阀和给水调节阀,使蒸汽压力和温度渐渐降低,即时逐渐打开通往排水管的截止阀,使减温水排放通畅。确认断汽后,关闭出口处切断阀,最后,检查入口处切断阀关闭是否严密。

第四节 应急处理

①当设计流量很大,而实际使用流量低于设计流量的 10% 时,应由自动控制状态切换到手动控制状态,用手操控制减压阀和给水调节阀,同时,关小入口切断阀来控制流量,防止装置升压异常。

②当用户用汽量迅速减少时,会造成装置的异常升压,影响安全。此时,不能通过关小减温减压装置出口处的切断阀来控制流量,而应通过逐步关小减温减压装置入口处的切断阀来控制流量。应将自动控制状态切换到手动控制状态,用手操控制减温减压阀和给水调节阀来控制流量。在装置出口处装设对空排汽阀的,可通过打开对空排汽阀排汽,防止装置的异常升压。

③当减压阀和给水调节阀出现故障,影响设备安全运行时,应及时关闭减温减压装置入口处切断阀,排除故障后才能投入运行。

④当自动控制系统出现故障时,应立即切换到手动操作状态,排除故障后才能投入自动运行状态。

⑤当装置异常升压,而安全阀未能开启时,应立即打开装置出口处的对空排汽阀,降低装置的异常升压,确保人身安全及设备安全。如装置不设对空排汽阀,可在确保现场人身安全的前提下,向上提起冲量式安全阀的杠杆或弹簧式安全阀的扳手,强行使安全阀开启并排放。

第五节　减温减压装置的维护保养

在装置运行时期,润滑处须定期加油,应经常观察蒸汽、冷却水流量、压力和温度,所有仪表读数均应按时记入值班手册,以备查考。同时,必须检查阀门附件的机械运动是否灵活,保证设备安全运行。

应经常检查减温减压阀和给水调节阀有无损坏,管道有无泄漏、振动等情况。

为防止安全阀的阀瓣和阀座黏住,应定期对安全阀进行手动的排放试验,检查安全阀开启和关闭的灵活性。当工作压力达到 75% 的整定压力时,可小心谨慎地迅速向上抬起冲量式安全阀的杠杆或弹簧安全阀的扳手,强行使安全阀开启并排放。安全阀每年至少校验 1 次,并符合相应规范的要求。

为确保设备的安全运行,应对减温减压装置作定期检修,检修期一般为 1 年。

第六节　蒸汽压力—温度控制装置检验和维护说明

1. 用途

蒸汽压力—温度控制装置是与减温减压装置(或减温装置、减压装置)配套的自动化控制装置,可对减温减压装置(或减温装置、减压装置)进行自动化控制和手动遥控操作,使二次参数(温度、压力)达到生产工艺的要求。减温减压及配套热控柜广泛用于电站、轻纺、石化等行业领域。

2. 主要特点

RKG-Z 系列热控柜采用单片微机控制技术、数字化非线性处理技术及零位漂移校正电路,因此它具有高精度、高可靠性和多功能的特点。

(1)在整个测量范围内不存在非线性误差,根据实测误差温度不超过 $\pm 1℃$(热电阻误差不计算在内);压力误差不超过 $\pm 0.055MPa$(压力变压器误差不计算在内)。

(2)仪表具有自动稳零和自动温度补偿功能,连续运行 18 个月无零点漂移,在 $0 \sim 50℃$ 环境温度下均保证精度。

(3)高精度全数字显示,所有参数均采用高亮度数字显示,视觉清晰,一目了然。

(4)高智能化全自动控制无须手动操作,在任何工作条件下都能保持最佳调节状态(手动操作功能仍保留)。

(5)由于智能型仪表的功能特点,实际调试工作就变得相当简单,只要将用户的二次调节参数和上、下线报警参数通过仪表面板的塑料薄膜轻触按键方便地加以设定并储存,并且根据用户要求和生产设备的调整,各个参数都可随心所欲地加以修改和调整。

(6)仪表现场所储存的数据掉电后不丢失信息,并且各个调节参数的设定可通过密码加以锁定,以防止意外误操作,确保仪表安全正常工作。

(7)主要性能参数如下所示。

①基本误差:$0.5\%F.S \pm 1$ 字。

②显示分辨率:根据量程,可有 0.001,0.01,0.1,1 四种。

③PID 参数手动修改或智能自整定。

④阀位限幅和保护输出范围:$0 \sim 100\%$。

⑤手动调节输出范围:$0 \sim 100\%$。

⑥内部冷端补偿温度范围:$0 \sim 50℃$。

⑦使用条件:环境温度 $0 \sim 50℃$,相对湿度 $\leqslant 90\%$。

⑧电源电压:$180V \sim 245V_{AC}$,5000 系列:$90V \sim 260V_{AC}$。

⑨电源频率:$(50 \pm 2.5)Hz$。

3. 型号编制说明

型号编制说明如图 4-1 所示。

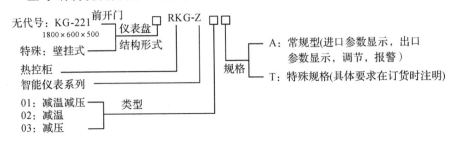

图 4-1　蒸汽压力—温度控制装置型号编制

RKG-Z02 表示仪表盘机构型号为 KG-221 型常规仪表盘,采用智能型仪表的减温装置,普通型,标准规格的热控柜。

4. 主要技术性能

(1)温度

①进出口蒸汽温度的示值精确度不低于 1.0 级。

②出口蒸汽温度的记录精确度不低于 1.5 级。

③装置运行时,蒸汽流量在装置规定的变化范围内,热控归柜温度自动调节系统的静差不大于 1.5%。

(2)装置规定的流量变化范围

①一次减压(J1)装置的出口流量 q 的变化范围:$10\%q \sim 100\%q$。

②二次减压(J2)装置的出口流量 q 的变化范围:$20\%q \sim 100\%q$。

③三次减压(J3)装置的出口流量 q 的变化范围:$30\%q \sim 100\%q$。

(3)压力

①进出口蒸汽压力的示值精确度不低于 1.5 级。

②出口蒸汽压力的记录精确度不低于 1.5 级。

③装置运行时,蒸汽流量在装置规定的变化范围内,热控柜压力自动调节系统的静差不大于 1.0%。

(4)流量

①蒸汽流量和减温水流量的示值精确度不低于 1.5 级。

②蒸汽流量和减温水流量的计算精确度不低于 1.5 级。

（5）报警

出口蒸汽温度、压力报警的设定范围：上限为全量程的 10％～100％，下限为全量程的 0～90％。

（6）仪表响应时间＜1s

盘上手动操作时，调节阀从全闭到全开（或从全开到全闭）的最快时间为 25s±20％（特殊要求另行商定）。

（7）主要仪表精度变送器：±0.5％，记录仪±1.5％，调节仪±1％。

5. 外形安装尺寸

RKG-Z 型热控柜的外形、安装尺寸如图 4-2 所示。

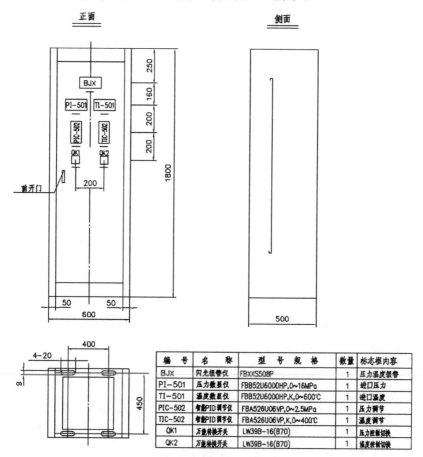

编 号	名 称	型 号 规 格	数量	标志框内容
BJX	闪光报警仪	FBXXS508P	1	压力温度报警
PI-501	压力数显仪	FBB52U6000HP,0～16MPa	1	进口压力
TI-501	温度数显仪	FBB52U6000HP,K,0～600℃	1	进口温度
PIC-502	智能PID调节仪	FBA526U06VP,0～2.5MPa	1	压力调节
TIC-502	智能PID调节仪	FBA526U06VP,K,0～400℃	1	温度调节
QK1	万能转换开关	LW39B-16(B70)	1	压力控制切换
QK2	万能转换开关	LW39B-16(B70)	1	温度控制切换

图 4-2 热控柜的外形、安装尺寸（单位：mm）

6. 工作条件

(1)环境温度现场仪表:－10～55℃,仪表盘 0～45℃。

(2)相对湿度现场仪表≤95%;仪表盘≤85%。

(3)振动频率≤15Hz;振动位移幅度＞0.035mm。

(4)空气中不含有酸、碱、盐及腐蚀性气体。

(5)倾斜度≤5°。

(6)海拔高度≤2500m。

(7)电源:额定电压 220V_{AC},额定频率 50Hz。

(8)功耗＜1kW(高温高压减温减压装置热控柜的功耗＜3kW)。

7. 工作原理

(1)压力检测、调节系统

1)一次压力检测

由减温减压装置一次蒸汽进口管道上测点取出的压力信号 P_1,经压力变送器被转换成压力信号对应的 mA 电流信号。

在显示仪表内,该信号经 CMOSA/D 转换后,将所测的压力值用 LED 作量程显示,一次压力检测系统的框图如图 4-3 所示。

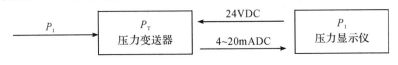

图 4-3　一次压力检测

2)二次压力检测

由减温减压装置二次蒸汽出口管道上测压点取出的压力信号 P_2,经压力变送器转换成压力信号成正比的 4～20mADC 信号送至智能调节仪。智能调节仪接收从压力变送器来的信号,自动显示被测压力值。当压力异常,超过设定的上、下限值时,报警电接点动作,相应的超值(上超或下超)光点牌亮,报警响应。二次压力检测系统的框图如图 4-4 所示。

图 4-4　二次压力检测

3）二次压力调节

智能调节仪接受从压力变送器来的二次压力 P_2 相对应的 4～20mADC 信号，由主屏显示所得的压力 P_2，并对测量信号与给定信号之偏差进行 P（比例），I（积分）运算，结果以 4～20mADC 信号输出。

从调节器出来的 4～20mADC 信号在伺服放大器中与电动执行器发出的反馈信号进行比较，由于这两个信号的极性相反，若它们不相等，就有误差磁热出现，从而使伺服放大器有足够的输出功率，伺服放大器的输出通过操作器驱动电动执行器的伺服电机，使执行器的输出轴通过杠杆带动减压阀朝减小这误差磁热的方向运转，直到位置反馈信号与输入信号相等为止，这时减压装置的蒸汽出口管道上压力就稳定在工艺需要的给定值上，达到压力自动调节的目的，二次压力调节系统框图如图 4-5 所示。

图 4-5　二次压力调节

（2）温度检测、调节系统

1）一次温度检测

数字式温度显示仪接受由减温减压装置一次蒸汽管道上测温点热电偶输出的毫伏信号或热电阻输出的电阻信号，经显示仪内的 CMOSA/D 电路转换后，将所测的温度值用 LED 数字显示，一次温度检测系统如图 4-6 所示。

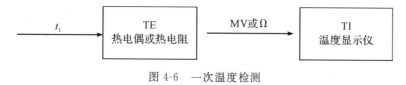

图 4-6　一次温度检测

2）二次温度检测

减温减压装置二次蒸汽管道上测温点热电偶输出的毫伏信号或热电阻输入到智能调节仪，智能调节仪自动显示被测温度值。同时当温度异常，超过设定的上、下限值时，报警电接点动作，相应超值（上超或下超）光点牌亮报警响应。二次温度检测系统框图如图 4-7 所示。

图 4-7　二次温度检测

3)二次温度调节

智能调节仪接受从热电偶或热电阻来的二次压力 t_2 相对应的 MV 和 Ω 信号,由主屏显示所测得的温度。并将这测量信号与给定信号之偏差进行 P(比例),I(积分)运算,结果以 4～20mADC 信号输出。

从调节器出来的 4～20mADC 信号通过伺服放大器、操作器、驱动执行器,带动给水调节阀动作,使减温减压器的二次温度稳定在工艺给定的数值上,达到温度自动调节的目的。二次温度调节系统的框图如图 4-8 所示。

图 4-8　二次温度调节

(3)流量检测

流量检测用孔板从蒸汽或减温水管道中取出与流量平方成正比的差压信号 ΔP,ΔP 经差压变送器转换成 4～20mADC 主信号输出。

微机流量计算机接受从差压变送器送来的 4～20mADC 主信号,同时接受温度系数和压力系统送来的补偿信号,在计算机内,各信号(主信号和辅助补偿信号)经 A/D 转换。微机运算处理后,所得的结果通过数码管显示。数码管可显示瞬时流量,也可显示累积流量值。当断电时计算机有累积值的功能。流量检测系统的框图如图 4-9 所示。

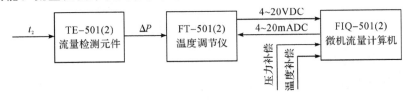

图 4-9　流量检测

8. 安装与接线

(1)热控柜的安装尺寸可从技术资料中 RKG-Z002 盘面布置图中查得,

热控柜应在符合规定工作条件的场所安装使用。安装基座常由槽钢制作的框架组成,也可由直接埋底脚螺栓而组成。

（2）在安装使用前应根据各仪表的使用说明书进行一次调校,各变送器对应于输入变化范围,输出"最小值"和"最大值"应与仪表的"零位"和"满刻度"相对应。

（3）仪表的安装请参看各仪表使用说明书进行,安装热电偶的接口、压力变送器的引压接口及流量检测装置,请按国家（或行业）标准的有关安装、焊接规范进行。

（4）热控柜仪表盘内部的各仪表连接线已放至各仪表的支架下（或避免振动损坏,发货时大部分仪表与仪表盘分箱单独包装）,只需根据盘内仪表接线图（见随技术资料）按编号接至仪表相应的接线端子即可。

（5）热控柜的供电电源进线,仪表盘内仪表与现场检测元件,变送器、执行器的电缆接线,由用户自行敷设,具体接线参看现场仪表接线图进行。

（6）热控柜仪表盘应可靠接地,接地电阻≤10Ω。

（7）接线完毕后,应根据接线图再校对一遍所有的接线是否正确,以免通电时损坏仪表,检查接线是否可靠,是否有在运输途中被振松的接线端子螺钉。

9. 投运与维修

（1）投运前的准备

1）熟悉工艺过程:主要指熟悉工艺流程,前后设备联系及功能,蒸汽特点,控制指标和要求以及各参数（温度、压力、流量）间的基本关系,以便在投运过程中发生异常情况时能及时进行分析处理。

2）熟悉控制方案:应了解设计意图及具体内容。应了解各检测、调节系统的构成及系统间的关联程度,对测量元件和调节阀的规格,安装位置和所测量的蒸汽参数,有关管线的走向布局等,都要做到心中有数。

3）熟悉自动化仪表:应了解仪表的工作原理和结构,掌握校验、投运及维修技术。

4）全面检查:对供气、供电系统的连接,以及变送器、调节器、调节阀的系统组成环节的完好程度（管道连接处有无渗漏,导线、电缆的绝缘性能等）进行一次全面的检查。检查各仪表是否都已校验过,有无合格证。

5)合上控制柜内部各回路自动开关,将电源开关 MK 切入"通"位置(盘面上没 MK 时,应接通控制柜内部总电源开关 HK),对仪表进行通电预热,预热时间不小于 30min。

通电一瞬间仪表主屏显示表形"HNA"(XMA 调节器),附屏显示"FG-BT"。正常工作时,主屏显示测量值 PV,自动工作状态下,附屏显示控制输出值 MV,用增、减键调整给定值 SP 时,显示 SP 值。当停止增、减 SP 值操作 2s 后,恢复显示控制输出值 MV。如主屏显示"BROK",说明信号线断线或接反,应对照接线图纸仔细检查。

6)检查报警系统是否完好:当报警系统仪表、电器元件及线路正常时,按下报警试验按钮 SA,报警声应响,所有的超值光字牌应同时闪亮,再按下确认按钮 JA,报警声解除。

7)将执行机构电动/手动转换开关拨入手动,拉出手轮,摇动手轮对执行机构上下调节。若摇动手轮时太费力或不动,对阀门上两紧固螺母松动。若以上操作故障不能排除,松开执行机构与阀门连接部件,执行机构正常运行,说明阀门内部被焊渣卡死。

8)数字调节仪正面如图 4-10 所示。转换开关放在自动位置,将调节仪手/自动切换键(A/M)切入手动,MAN 灯亮,调节仪附屏显示控制电流(4~20mA)对应操作器(0~100%)开度,△键或▽键改变电流大小,操作器盘面上指针跟随变化。

9)调节仪 A/M 手动工作态和自动工作态切换键,自动时 MAN 灯灭,附屏显示设定值。手动时 MAN 灯亮,附屏显示 4~20mA 控制输出电流。自动或手动工作态下,按 SET 键进入参数设定。参数设定态下,按 SET 键确认参数设定操作。自动工作态下,按△键或▽键可修改附屏显示的设定值。手动工作态下,按△键或▽键可修改控制输出值。参数设定时,△键或▽键用于选择参数设定菜单和参数设定值。

10)调节仪内部参数设定。工作态时按 SET 键进入参数组态,仪表被锁状态下,按△键或▽键,输入开锁密码 18。按△键或▽键选择 PID 参数,按 SET 键进入 PID,按△键或▽键选择 USL/PID,按 SET 键进入 PID.P,按△键或▽键设置 P 的数值,按 SET 键确认,完成 PID 参数 P 值的设定。按以上操作设定如下参数。CNTR 控制参数设定,ACT 正作用,R. ACT 反作用,温度调节应设正作用,压力调节应设反作用。OUT. H 控制输出上限幅

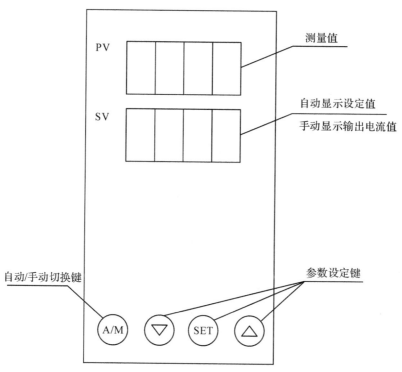

图 4-10　数字调节仪正面布置

值设定,OUT. L 控制输出下限幅值设定。L. DSP 附屏显示设置,用户可根据使用状况而定。LOCK 参数上锁菜单,因使用状况定。ALAR 报警设置,根据使用参数设定上限报警和下限报警。

　　11)动态模拟试验:通过改变调节仪的控制参数给定值来代替测量值的改变具体如下。

　　(P 为压力测量值,P_N 为设定值,T 为温度测量值,T_N 为设定值)。

　　压力调节:设定 P_N 使 $P_N > P$,投入自控时,调节阀应向开的方向化,反之亦然。

　　温度调节:设定 T_N 使 $T_N > T$,投入自控时,调节阀应向关的方向化,反之亦然。

　　12)设置调节仪的给定值,将调节仪的给定值固定在工艺给定值上。将调节仪报警值的上限及下限设定值分别置于工艺给定的报警值上,超过报警值时,报警仪报警(投运后需进一步精确整定)。

　　(2)减温减压装置的投运

参数设定操作设置说明如图 4-11 所示。

FBA5000调节仪操作设置说明

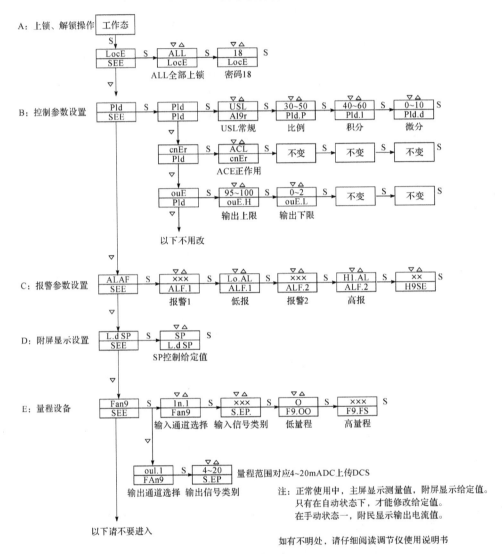

图 4-11 参数设定操作

(3)热控柜的投运

热控柜在投运时,一般先用手动操作,待二次参数(压力和温度)逐渐接近给定值时,再由手动操作过程切入自动运行状态。在自动运行状态下,根据调节质量,再调整数字调节仪的 P、I、D 参数。具体运行如下。

1）手动操作

电动操作器的切换开关在"手动"位置，根据工艺给定的二次蒸汽温度、压力要求，转动电动操作器的切换开关（顺时针转 45°为"开"，逆时针转 45°为"闭"），通过电动执行器来控制减压阀给水调节阀的动作（开或闭）。

2）自动调节

经过以上手动操作，当数字调节仪的测量显示值与给定值接近时，将电动操作器的切换开关向里推进，并逆时针转 90°置于"自动"位置。"自动"指示灯亮，这时调节系统处于自动控制状态。

3）P、I、D 参数设定

各调节系统的 P、I、D 参数经验数据表如表 4-1 所示。通常在系统投入"自动"状态前，调节仪的 P、I、D 参数可根据经验表 4-1 先粗选一组 P、I、D 数据，待系统投入"自动"后，可根据控制参数的稳定程度再进一步进行调节仪 P、I、D 参数的整定，直至获得较理想的二次参数记录曲线为止。

表 4-1 P、I、D 参数设置经验数据

	P	I	D
压力	30	35	0
温度	35	40	2～5

由于温度调节系统往往热惯性（滞后）较大，相应的操作投运时间也较长，故可在温度调节系统大致接近工艺定值时，先将压力系统投入自动并整定（P、I 参数）完毕后，再来对付温度调节。

（4）异常情况和应急操作

1）异常情况下的切换操作：当系统遇到异常情况，二次参数波动太大时，电动操作器从"自动"切换"手动"操作后，待系统渐渐稳定时，再按前述步骤投入"自动"运行。

2）应急操作：当调节器或伺服放大器出现故障，自动控制系统不能工作时，作为应急措施，可将电动操作器的切换开关切至"手动"位置。这时，值班人员仍可根据热控柜盘上记录仪显示的温度或压力值，转动电动操作器的切换开关（顺时针转 45°为"开"，逆时针转 45°为"闭"），通过盘上手动遥控直接控制给水调节阀或减压阀的"开"与"闭"来调节温度和压力，来满足生产工艺的要求。

3)当温度、压力超值或热控柜电源刚接通(由于瞬时电流冲击)时,报警声响,超值光字牌亮;按铃声解除按钮 JA,铃声即被解除。当参数恢复到正常范围时,超值光字牌灭,系统恢复到正常工作状态。

(5)维护

1)定期调节检查仪表的完整程度,校验仪表的精度,核对电动操作器所显示的阀位与减温给水阀或减压阀的实际阀位是否一致。

2)定期检查报警系统是否完好,当报警系统正常时按下报警试验按钮 SA,所有的超值光字牌应同时亮,同时报警声响。

10.减温减压装置控制流程

减温减压装置控制流程如图 4-12 至图 4-16 所示。

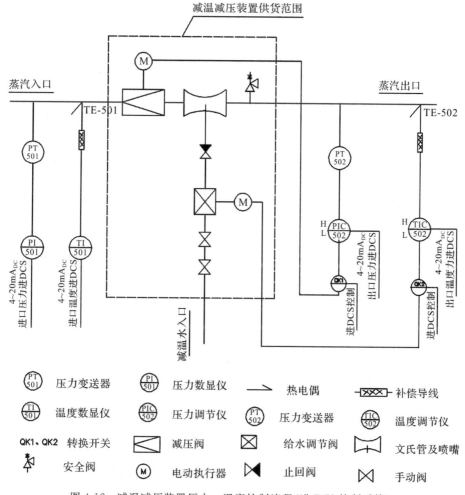

图 4-12　减温减压装置压力—温度控制流程(进 DCS 控制系统)

注：1.压点、测温点、流量检测位置顺序见上图，测温点与测压点之间距离不小于300mm；2.二次流量检测孔板一般安装在测压点、测温点之后，且前后直管一般要求为前$10D_N$，后$5D_N$；3.次侧测温点、测压点一般安装在安全阀之后的直管段上，测压点在前，测温点在后；4.减温水流量检测孔板必须安装在给水调节阀与止回阀之间，前后直管段一般要求为前$10D_N$，后$5D_N$。

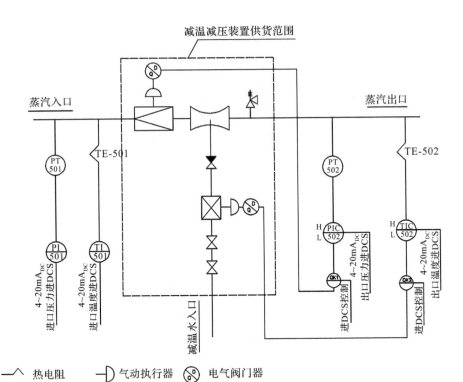

图 4-13 减温减压装置控制流程(气动执行机构,进 DCS 控制系统)

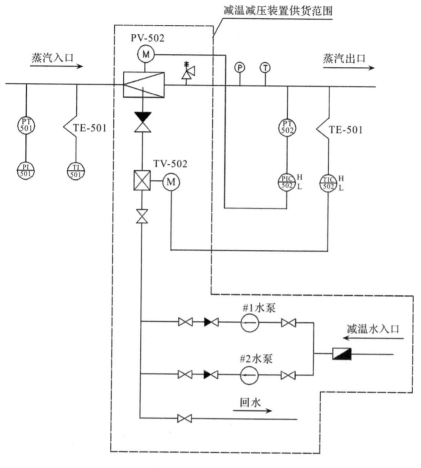

图 4-14 减温减压装置控制流程(带水泵,进 DCS 控制系统)

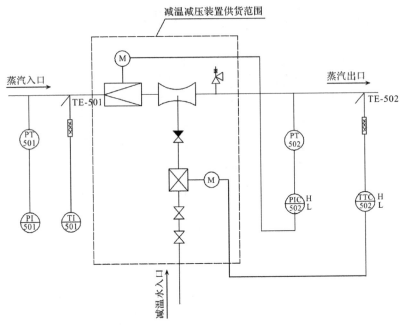

图 4-15　减温减压装置控制流程(不进 DCS 控制系统)

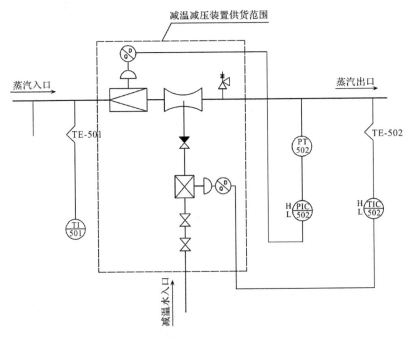

图 4-16　减温减压装置控制流程(气动执行机构,不进 DCS 控制系统)

第五章

减温减压装置常见故障及排除方法

减温减压装置的故障多种多样,而某一种故障的出现原因也可能不同。概括起来一是减温效果差,二是减压效果差,三是减温减压装置产生剧烈振动,噪声大。减温效果差主要表现在减温幅度过大、减温幅度过小、不减温等。减压效果差主要表现在减压幅度过大、减压幅度过小、减压精度低等。装置产生剧烈振动,噪声大的主要原因是减压阀剧烈振动、调节阀剧烈振动以及混合管道剧烈振动。

减温效果差主要采取以下措施:①选用满足工况的合适流量特性的减温水调节阀。小流量时减温调节困难,大流量时调节正常,要选用等百分比流量特性的阀内件。②执行机构控制精度要求与被控介质相适应。③减温水调节阀行程选择与阀门口径相适应,阀门行程一般不小于 16mm。④喷嘴选择也非常重要,笛形喷嘴一般适用于可靠性要求高且汽化长度较大的场合,而雾化喷嘴适用于汽化长度要求较短的场合。

减压效果差主要采取以下措施:①减压阀内件设计满足工况流量特性要求。②考虑合适的导向间隙,以及选用线膨胀系数小的金属材料。③根据减压幅度要求,选用合适的减压结构。④根据蒸汽参数情况,选用合适的减压阀,一般入口蒸汽压力不大于 5.4MPa,蒸汽温度不高于 485℃,可以选用减温减压一体的减温减压阀。超过以上参数的一般宜选用先减压后减温的分体式减温减压装置结构。

装置剧烈振动,噪声大主要采取以下措施:①每一级减压幅度不宜过大,减压比控制在 0.65～0.85,最好减压比大于 0.70。控制减压比主要是为了控制减压阀每一级的节流处的流速。②减压阀流道尽量设计得流畅,防止流道突然变化。③混合管道中文丘里管末端既要考虑热胀冷缩的影响,又要考虑径向导向和间隙,防止应力过大而产生管道或焊缝开裂。

减温减压装置常见故障及排除方法如表 5-1 所示。

表 5-1　减温减压装置常见故障及排除方法

序号	常见故障	原因分析	排除方法
1	减压幅度大	1.流量过大 2.一次蒸汽压力小于设计参数 3.节流孔罩或孔板堵塞	1.流量减至设计参数 2.一次压力、温度达到设计参数 3.去除杂物
2	减压幅度过小	1.减压阀流通能力过大 2.阀行程零位漂移	1.重新选用适宜阀 2.重新调试或选用合适执行机构
3	减温幅度过大	1.减温水压力偏大 2.使用蒸汽量过小 3.给水调节阀未调节	1.给水调节阀阀进口前增加节流装置 2.增大蒸汽流量 3.调节给水调节阀
4	减温幅度过小	1.蒸汽流量过大 2.给水压力偏低 3.给水系统阀门调节不合适 4.减温系统堵塞	1.流量达到设计值 2.增加给水压力或增大节流圈孔径 3.调整调节阀、截止阀、节流阀 4.清理过滤器滤网
5	减温后蒸汽带水	蒸汽流量偏小、蒸汽流速低导致减温水雾化不好	1.选型过大重选,减小喷水孔径 2.增加喷水孔数量,调整喷水孔喷水方向
6	不减温	1.止回阀装反 2.给水系统阀未打开 3.喷嘴堵塞 4.给水未软化易积污 5.给水压力低	1.正确安装止回阀 2.打开给水系统各阀 3.清理喷嘴孔 4.减温水需软化防积蚀 5.提高给水压力
7	出口压力不稳定	控制机构调节过于灵敏	重新调试或更换
8	安全阀频跳	1.安全阀故障 2.安全阀选型过大 3.减压阀泄漏量大	1.消除故障 2.重新选型更换 3.修复减压阀或关闭入口处切断阀
9	噪声过大	1.蒸汽流量过大 2.振动 3.部件断裂	1.降低流速或更新选型 2.正确安装支座 3.更换或修复阀门或管道内件
10	减温装置压力损失过大	1.管道内文氏管喉径设计过小,流速过快 2.管道有堵塞	1.更换文氏管等零件 2.消除杂物

第六章

减温减压装置振动、噪声及其治理

第一节　减温减压装置的振动、噪声及其消减

减温减压装置的噪声主要是控制阀（减温减压阀、减压阀、调节阀）的噪声，当然安全阀排放也存在噪声。安全阀排放的噪声可以通过设置消音器来降低，这里不做研究。

控制阀通过改变节流件的阻力来调节流体流量。流体流过节流件会产生能量损失，这部分损失的能量是造成振动和噪声的根源，控制阀生产振动和噪声是不可避免的现象。若调节阀振动和噪声过大，不仅会威胁到设备的运行安全，还会影响操作者的身体健康。这种振动和噪声已被列为公害之一。根据有关法规规定，振动和噪声超过标准值必须采取降噪措施。因此，控制阀的振动和噪声已引起人们越来越多的关注。

1. 控制阀振动噪声源和噪声产生的机理

控制阀在降压过程中，消耗的内能转化成热能、产生振动的机械能，以及产生噪声的声能。要降低振动和噪声，首先要把节流过程中的能量尽量多地转化成热能。

控制阀的振动和噪声源大体可以分为三大类:一是控制阀的零部件由于机械振动产生的噪声;二是流体动力噪声;三是空气动力噪声。

(1)机械振动产生的噪声

机械振动产生的噪声可分为两种形式,即低频振动和高频振动。低频振动的频率在 50~500Hz,其声压级约为 90dB。这种振动是由介质的射流和脉动造成的,其产生的原因是流体的出口流速过快、管路系统布置不合理或阀活动零件刚性不足等。高频振动的频率在 1000~10000Hz,其声压级在 90dB 以上。当这种振动在阀的自然频率与介质流动产生的激励频率一致时,将引起某种共振,这种共振是调节阀在一定减压范围内产生的,而且一旦条件稍有变化,其噪声变化将很大。这种机械振动与流体流动速度无关,且这种振动无法预测。

减小机械振动噪声的措施是改变调节阀阀腔形状和节流处面积形状,合理设计运动部件间隙,提高机械加工精度,提高阀的自然频率,提高活动零件刚性以及正确选材。

(2)流体动力噪声

流体动力噪声是流体通过节流口之后由紊流和涡流产生的。紊流噪声比较低,一般不会构成噪声问题。气蚀噪声是液体介质由于在节流口流速过快,减压过大,液体汽化造成的噪声,这个压力剧增可达 196MPa,声压级可达 100dB 以上。

防止汽蚀的方法:首先,采用抗气蚀结构调节副,使流体中气泡的爆裂远离任何金属表面。其次,选择阻力系数小的阀门,减少阀门前后压差。再次,采用多级逐级节流和选择适当的金属材料,减缓材料损坏。

(3)气体动力噪声

当蒸汽等可压缩性流体流过调节阀的节流部件时,流体的机械能转化成声能而产生的噪声称为空气动力学噪声。这种噪声在调节阀噪声中占大多数,处理起来也最麻烦。这种噪声的频率在 1000~10000Hz,一般没有特别陡尖的峰值频率。可压缩性流体的流速通常应高于不可压缩性流体。当流体的流速低于声速时,噪声则因强烈的扰流而产生。当流体流速高于声速时,除了扰流的噪声外,还有流体冲击波所产生的噪声。控制阀中产生噪声的主要区域是在紧靠节流副下游的压力恢复区,此外的流动状态是没有规则和不连续的,产生强烈的湍流。

2.降低气体动力噪声的方法

通常有声源处理法和声路处理法两种。可单独使用一种方法,也可同时采用两种方法。同时采用两种方法的效果更好,但相对的费用也更多,必须结合具体情况来选用适当的方法。声源处理法就是设法防止或减少噪声的发生,实际上是改进结构。而声路处理法则是降低噪声的传播。

(1)声源处理法

1)小孔流体喷射法

此法通过减少喷射流的体积,降低了机械能和声能之间的转换。并且此时小涡流使声能移至较高频率,管道对此频率的声能可产生较大的削弱作用,小孔套筒式调节阀就是一例。若声音的频率提高到 10000Hz 以上,人耳就难以察觉。喷射小孔的位置经过仔细计算及适当的间隔分布,使喷射流相互冲击,减弱了涡流,因而也降低了噪声。

低噪声阀根据流体通过阀芯、阀座的曲折流路(多孔道、多槽道)的逐步减速,以避免在流路里的任意一点产生超声速。有多种形式,多种结构的低噪声阀供使用时选用。当噪声不是很大时,选用低噪声套筒阀,可降低噪声 $10\sim20$dB,这是最经济的低噪声阀。

2)多级节流法

多级节流阀套或阀瓣使流体经过若干道节流,将能量损耗掉,避免了冲击波的产生,且通过多级节流可以把流体速度减至最低限度,这样就可大大降低噪声。

调节阀的压力比高($\Delta P/P_1 \geqslant 0.8$)的场合,也可采用串联节流法,即把总的压降分散在调节阀和阀后的固定节流元件上。如用扩散器、多孔限流板,这是减少噪声办法中最有效的。为了得到最佳的扩散器效率,必须根据每件的安装情况来设计扩散器(实体的形状、尺寸),使阀门产生的噪声级和扩散器产生的噪声级相同。

3)控制控制阀出口流速

声音在介质中传播速度称为声速 a,其大小随介质状态而变:

$$a = \sqrt{kp\nu} = \sqrt{kRT} \tag{6-1}$$

式中:a——声速,m/s;

R——气体常数,J/(kg·K);

T——介质的绝对温度,K;

k——介质的绝热指数;

p——介质压力,MPa;

v——比容,m³/kg。

流速与声速之比称为马赫数。可压缩性流体在口径较小的控制阀出口处,流速可增加到声速,以致产生冲击波。一般控制控制阀出口流速低于马赫数0.30,就可以降低冲击波的产生,可使噪声降低。

(2)声路处理法

声路处理法要考虑的因素有距离、传送损失、消耗和速度。距离声源的路程越远,噪声越弱。一般可以认为声压级的减少与距离呈线性关系。声路的传送损失越大,噪声越弱。声音经过在管壁、隔音材料、障碍物之后有了声能损失,这种损失消耗了部分噪声。所谓消耗,就是人为利用一些消声器、扩散器及类似器件来减弱冲击波并消耗声能。降低流速,有更明显降低噪声的作用。流速越低,噪声越弱。因此,在声路中的流速要加以限制,阀门和管路出口处的流速要限制在马赫数0.30以下,在一些出口流速高的声路必须采用扩散式消音器。

声音传播的速度和效能取决于传播声音的介质特性和声路的阻抗力。也就是说,只要把声路的阻抗增大,就可以减少传送到接受者的声音能量。基于这一原理,声路的处理可以采用多种方法,如外部处理或隔离法、用低分贝板或消音器、利用吸声的绝缘材料。

1)外部处理或隔离法

这种办法包括采用管壁加厚、流体外部固体边界层的隔离、隔音箱,也可用房子和建筑物把噪声源隔开。

只要增加管壁的厚度,就能降低噪声。声路中的噪声一旦产生,就不因在管道中传送距离的远近而变弱,因此,下游的管道必须有同样的加厚量,才能降低这种噪声,如果管道厚度恢复到原来的厚度,噪声也将恢复到原来的水平。一般增加壁厚能降低噪声 0~20dB(A),同一管径壁厚越厚,同一壁厚管径越大,降低噪声效果越好。例如,DN200 管道,其壁厚分别为 6.25mm,6.75mm,8mm,10mm,12.5mm,15mm,18mm,20mm,21.5mm,可降低噪声-3.5dB(A),-2dB(A),0dB(A),3dB(A),6dB(A),8dB(A),11dB(A),13dB(A),14.5dB(A)。从这个例子可以看出,壁厚从 10mm 增加到 20mm,则噪声降低 10dB(A)。当然,壁厚越大,成本就越高。

2)用低分贝板或消音器

低分贝板也就是低噪声板,它具有许多特殊的孔,能够起到减压和消音的作用。在适当场合采用低分贝板,可以得到良好的消音效果,衰减的噪声可达 10dB(A)。使用吸收型串联消音器可以大幅度降低噪音,它适用于空气动力噪声的消音,能有效地消除流体内部的噪声并抑制传送到固体边界层的噪声级。对质量流量高或阀前后压降比高的地方,这是最有效而又经济的方法。但是,从经济上考虑,一般限于衰减到 25dB(A)左右。

3)利用吸声的绝缘材料

在管道中使用吸声的绝缘材料,可以把噪声降低 14dB(A)左右。用吸声材料来抑制声能是一种有效的声路处理方法。必须把吸声材料装在噪声源或靠近噪声源的下游管道上。主要的吸声材料为矿棉或玻璃纤维、硅酸钠等。

但是,吸声绝缘材料的使用也受到一定限制。第一,必须将整个系统都进行绝缘;第二,要特别注意吸声材料是否失效,一旦失效,就失去吸声绝缘作用;第三,管道系统常用的绝缘材料并不适用于高温。这种方法费用较高,适用于噪声不很高、管线不很长的情况。

第二节　减温减压装置流场和噪声分析

以连续性方程、动量方程和基于各向同性涡黏性理论的 k-ε 方程组成内部流动数值模拟的控制方程组,并根据数值计算具体要求,设定适当边界条件,应用 CFD 软件 Fluent 对高参数多级笼罩式 S 形流道减压阀及减温减压混合管道内部蒸汽流动状态进行了可视化计算和分析研究。

1. 数学模型

(1)流动控制方程

高参数减压阀内可压缩气体的实际流动为湍流,在定常条件下,采用 RNG k-ε 湍流模型时,可压缩气体流动方程如下。

连续性方程为

$$\nabla \cdot (\rho v) = 0 \qquad (6\text{-}2)$$

式中:ρ——蒸汽密度;

υ——蒸汽速度矢量。

动量方程为

$$\rho\upsilon\cdot\nabla\upsilon=-\nabla p+\nabla\cdot(\tau)+\rho g+F \tag{6-3}$$

式中:p——蒸汽静压强;

g——重力加速度;

F——除重力外的体力。

黏性切应力张量 τ 可表示为

$$\tau=\mu\left[(\nabla\upsilon+\nabla\upsilon^{\mathrm{T}})-\frac{2}{3}\nabla\cdot\upsilon I\right] \tag{6-4}$$

式中:μ——蒸汽动力黏度;

I——单位张量。

能量方程为

$$\nabla\cdot[\upsilon(\rho E+p)]=\nabla\cdot[k_{\mathrm{eff}}\nabla T+(\tau_{\mathrm{eff}}\cdot\upsilon)] \tag{6-5}$$

式中:k_{eff}——有效传导率;

τ_{eff}——有效黏性切应力张量。

E 为单位质量流体所具有的能量,定义如下:

$$E=h-\frac{p}{\rho}+\frac{\upsilon^2}{2} \tag{6-6}$$

式中:h——理想气体的焓。

湍流动能方程为

$$\frac{\partial}{\partial x_i}(\rho k u_i)=\frac{\partial}{\partial x_j}\left(\alpha_k\mu_{\mathrm{eff}}\frac{\partial k}{\partial x_j}\right)+G_k+G_b-\rho\varepsilon-Y_M \tag{6-7}$$

$$\frac{\partial}{\partial x_i}(\rho\varepsilon u_i)=\frac{\partial}{\partial x_j}\left(\alpha_\varepsilon\mu_{\mathrm{eff}}\frac{\partial\varepsilon}{\partial x_j}\right)+C_{1\varepsilon}\frac{\varepsilon}{k}(G_k+C_{3\varepsilon}G_b)-C_{2\varepsilon}\rho\frac{\varepsilon^2}{k}-R_\varepsilon \tag{6-8}$$

通过求解湍流动能方程,得到湍流动能 k 和湍流动能耗散率 ε。

式中:x——位移矢量;

u——湍流脉动速度分量;

G_k——因平均速度梯度产生的湍流动能;

G_b——因浮力作用产生的湍流动能;

Y_M——可压缩气体波动耗散的湍流动能。

$C_{1\varepsilon}$ 和 $C_{2\varepsilon}$ 是常数:$C_{1\varepsilon}=1.44$,$C_{2\varepsilon}=1.92$。

有效湍流黏度与 k 和 ε 相关：

$$\mu_t = \rho C_\mu \frac{k^2}{\varepsilon} \qquad (6\text{-}9)$$

式中：$C_\mu = 0.09$。

（2）可压缩气体状态方程

理想可压缩气体的密度不是常数，应通过温度和压强计算得到，其公式如下：

$$\rho = \frac{p_{\mathrm{op}} + p}{\dfrac{R}{M_w} T} \qquad (6\text{-}10)$$

式中：p_{op}——环境压强；

$\quad\ p$——相对于环境压强的静压强；

$\quad\ R$——普适气体常数；

$\quad\ M_w$——分子质量；

$\quad\ T$——蒸汽温度。

（3）稳态噪声公式

宽频噪声源模型的声功率 P_A 的计算公式为

$$P_A = \alpha \rho_0 \left(\frac{u^3}{l} \right) \frac{u^5}{\alpha_0^5} \qquad (6\text{-}11)$$

式中：u 和 l——湍流速度和特征长度；

$\quad\ \alpha_0$——声速；

$\quad\ \alpha$ 是与模型相关的常数。声功率级的计算公式为

$$L_P = 10 \lg \left(\frac{P_A}{P_{\mathrm{ref}}} \right) \qquad (6\text{-}12)$$

式中：基准声功率 $P_{\mathrm{ref}} = 10^{-12}\,\mathrm{W/m^3}$。

为了与工程相结合，研究过程中，将数值计算得到的声功率级 L_P 转化为声压级 L_p，声压级 L_p 可表示为

$$L_p = L_P - 10 \lg \left(\frac{0.16 \pi r^2}{\rho \alpha_0} \right) \qquad (6\text{-}13)$$

2. 模型建立

（1）减压阀

减压阀内部结构较复杂，因此利用 UG-NX 软件对研究对象进行三维建模，并利用面向 CFD 的前处理软件 Gambit 对减压阀内部流道进行网格划

分。减压阀内腔为对称结构,为了减少计算量,计算域为实际流动区域的一半。相对于阀体尺寸,减压阀套筒的小孔尺寸很小,其网格需细致划分。因此,将计算域划分为 5 个区域,采用的是非结构化网格,小孔处网格单元大小为 2mm,进出口处网格单元大小为 7mm。整个计算域的网格单元数为4023181。我们研究了阀门开度为 60% 情况下阀内流体的流动情况。图 6-1 和图 6-2 是计算域的网格示意。

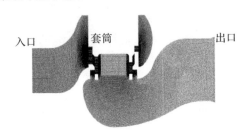

图 6-1   减压阀内部流体网格模型

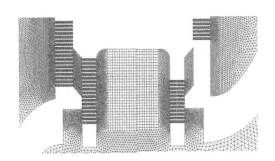

图 6-2   减压阀套筒小孔网格

(2)混合管道

混合管道为轴对称结构,采用 2D 模型,网格划分示意如图 6-3 和图 6-4 所示。采用先划分线网格再划分面网格的方式,保证网格质量。网格为四边形的结构化网格,喉部前后变径管道划分有边界层网格。整个计算域网格单元数为 33138。

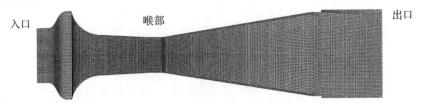

图 6-3   混合管道内部流体网格模型

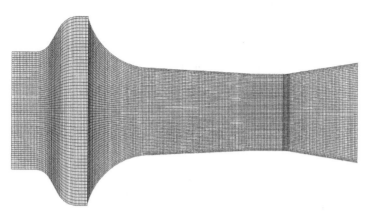

图 6-4 混合管道喉部网格

3. 计算方法边界条件

根据计算域的相关尺寸和工作状态下蒸汽的物性参数,计算出阀内流体的雷诺数高于 10^5,属于剧烈的湍流流动,因此,在模拟中采用适合于湍流强度大的 RNG k-ε 湍流两方程模型。利用 Fluent 软件中基于密度的求解器,流动、湍流动能和湍流耗散率均为一阶迎风离散格式,通过基本控制方程和 RNG k-ε 湍流模型方程求解流场分布,并利用 Fluent 中的噪声模型求解声场分布。

(1)减压阀模型边界条件

入口为压力入口,总压为 6.10×10^6 Pa,温度为 703K;出口为压力出口,总压为 1.82×10^6 Pa,温度为 703K;壁面为无滑移边界条件;介质为水蒸气,其密度选用理想可压气体模型。

(2)混合管道模型边界条件

入口为压力入口,总压为 0.125×10^6 Pa,温度为 703K;出口为压力出口,总压为 0.125×10^6 Pa,温度为 703K;壁面为无滑移边界条件;介质为水蒸气,其密度选用理想可压气体模型。

4. 结果分析

(1)减压阀模型计算结果

通过稳态模拟得到的云图如图 6-5 至图 6-8 所示。图 6-5 为对称面上速度大小的分布情况和流线图。从该图中可以看到,蒸汽流动至套筒小孔处流速迅速增加达到最大值,这是压能转换为动能的结果。相对于之前减压阀的流线分布,阀内漩涡明显减少,主要位于速度方向改变较大处,如套筒左侧。图 6-6 为对称面上马赫数大小的分布图。马赫数为流速与当地声速的比值,当地声速变化较小,因此,马赫数和速度大小的分布基本一致;在套筒小孔处马赫数最大,但不超过 1,即流速为亚声速流动。图 6-7 为对称面上压力的分布图,压力的突然变化发生于孔板前后。图 6-8 为声功率级的分布图,同样是小孔处的声功率级最大,最大值为 153.3dB。这是由于小孔处流速大,湍流程度剧烈,所以形成不同程度的漩涡流动,产生噪声。

速度: 50 100 150 200 250 300 350 400 450 500 m/s

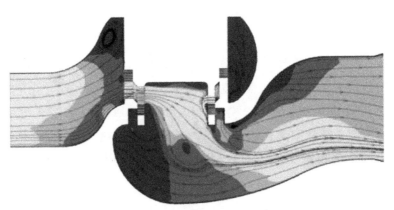

图 6-5　减压阀速度大小分布

马赫数: 0.05 0.15 0.25 0.35 0.45 0.55 0.65 0.75 0.85

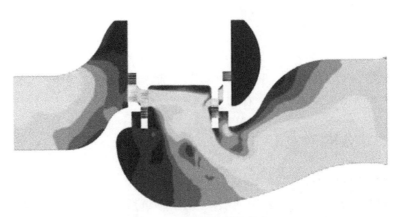

图 6-6　减压阀马赫数分布

压力: 2E+06　2.5E+06　3E+06　3.5E+06　4E+06　4.5E+06　5E+06　5.5E+06 Pa

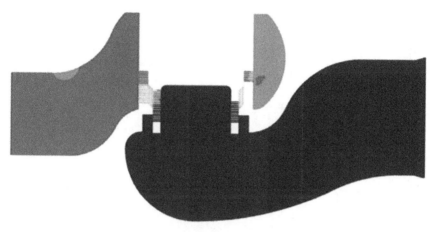

图 6-7　减压阀压力分布

声动率级：　10　20　30　40　50　60　70　80　90　100 110 120 130 140 150 dB

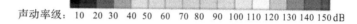

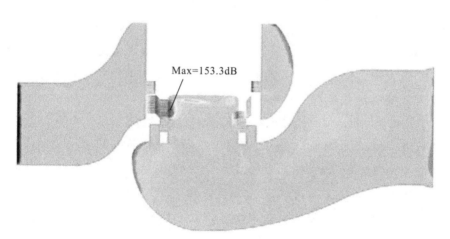

Max=153.3dB

图 6-8　减压阀声功率级分布

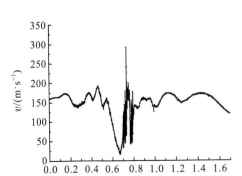

图 6-9　速度大小沿流线的变化曲线　　　图 6-10　马赫数沿流线的变化曲线

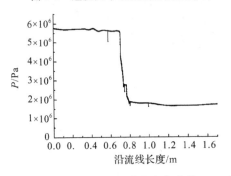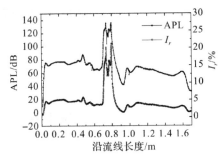

图 6-11　压力沿流线的变化曲线　图 6-12　声功率级和湍流强度沿流线的变化曲线

如图 6-9 至图 6-12 所示为各参数沿流线长度的变化曲线。速度曲线图 6-9 中,最大峰值位于 $l=0.75$m 处,对应套筒小孔处,之后由于蒸汽在套筒后较大区域内绝热膨胀,速度在出口腔内降低至 150m/s 左右。同样,图 6-10 中马赫数 Ma 在 $l=0.75$m 处达到最大,且可以看到第二个峰值即第二级小孔处,马赫数也较大,之后马赫数迅速降低。压力曲线图 6-11 中,蒸汽压力发生两级降低,分别位于 $l=0.75$m,0.8m 处,表明内外套筒的两级降压作用。图 6-12 对比了湍流强度 I_r 和声功率级 APL 变化曲线,两者变化一致,说明噪声的强弱与湍流强度有关。声功率级较强的位置主要为套筒小孔处,相比于之前的结构,声功率级较小。

(2)混合管道计算结果

通过稳态模拟得到的云图如图 6-13 至图 6-16 所示。图 6-13 为速度大小的分布情况和流线图。从图中可以看到,蒸汽流动至喉部流速迅速增加达到最大值,这是压能转换为动能的结果。图 6-14 中马赫数分布与速度大小的分布基本一致,混合管道中马赫数很小,在套筒小孔处马赫数最大。图

6-15 为压力分布图,计算时认为减压过程后压力达到 0.125MPa,混合管道
出口压力也为 0.125MPa,因此,管中压力变化很小。图 6-16 为声功率级的
分布图,由于流速较小,混合管道内声功率较小,声功率最大发生在喉部前
方的变径管处,最大值为 34.5dB。

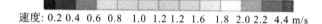

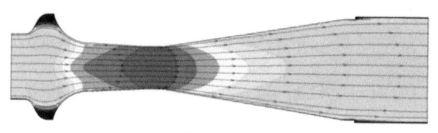

图 6-13 混合管道速度大小分布

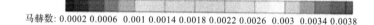

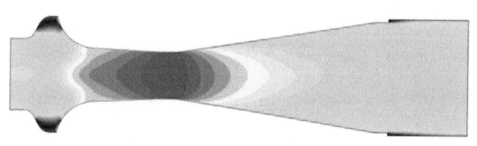

图 6-14 混合管道马赫数分布

图 6-15 混合管道压力分布

图 6-16　混合管道声功率级分布

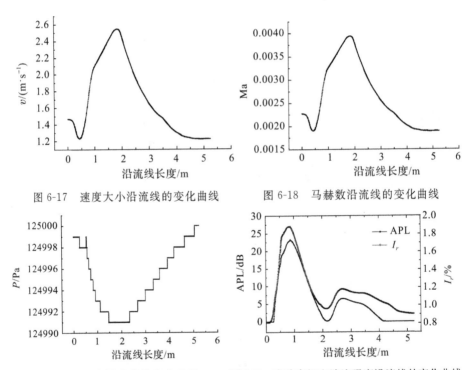

图 6-17　速度大小沿流线的变化曲线　　图 6-18　马赫数沿流线的变化曲线

图 6-19　压力沿流线的变化曲线　　图 6-20　声功率级和湍流强度沿流线的变化曲线

　　如图 6-17 至图 6-20 所示为各参数沿流线长度的变化曲线。速度曲线和马赫数曲线变化一致,存在一个较明显的峰值,位于 $l = 2\text{m}$ 处,即喉部。图 6-17 中,压力最低发生于喉部处。图 6-20 对比了声功率级和湍流强度,可以看到,两者变化曲线一致,说明噪声的强弱与湍流强度有关。

5.结论

根据流体力学和气动声学相关理论,运用数值分析软件 Fluent 对 160t 高参数减压阀内的流动情况进行模拟。主要结论如下。

(1)减压阀内为亚声速流动,内外套筒可实现两级减压,声功率最大点位于速度最大和湍流强度最大的地方,即套筒小孔处,最大值为 153.3dB

(2)混合管道内为亚声速流动,速度最大位于喉部,压力变化较小,整体噪声水平不高,声功率最大点位于喉部前方的变径管处,最大值为 34.5dB。

第三节 减温减压装置振动和噪声的测试

减温减压装置振动和噪声的测试目前依据 GJB 4058—2000《舰船设备噪声、振动测量方法》和 DL/T 292—2011《火力发电厂汽水管道振动控制导则》进行。

依据 DL/T 292—2011《火力发电厂汽水管道振动控制导则》,振动等级根据管道系统的特性和振动水平进行划分,稳态振动(在电站正常运行中发生的持续时间较长的重复性管道振动)的管道系统,其振动等级分为 WZD1、WZD2 和 WZD3,瞬态振动(短时间内发生的振动,其总的应力循环次数小于 1×10^6。如泵的启动和切换、阀门的快速开启和关闭、安全阀的动作等)的管道系统,其振动等级分为 SZD1、SZD2 和 SZD3。

1.振动测试和评估

(1)振动等级 1 级管道检查与评估

1)目视检查

振动等级 1 级管道系统宜采用目视检查方法。振幅可以用简单的测量器具估测(如尺子、弹簧吊架刻度、管道或保温擦碰痕迹及目视观察等),频率可以目视估测(如用秒表等记录振动次数)。

2)振动评估

振动等级 1 级管道系统评估结果应分为可接受和不可接受两类。估算最大峰值振动速度的公式为：

$$V_{max}^{peak} = 2\pi f A \tag{6-14}$$

式中, A——最大振幅, mm;

f——振动频率, l/s。

对于碳钢及低合金钢管道, 当最大峰值振动速度 V_{max}^{peak} 不大于 12.4mm/s 时, 振动是可接受的。

对于不锈钢管道, 当最大峰值振动速度 V_{max}^{peak} 不大于 21.3mm/s 时, 振动是可接受的。

碳钢及低合金钢和不锈钢以外的其他材料管道, 应根据其疲劳曲线 (S-N)并计算允许峰值速度 V_{allow}^{peak} 判据, 当最大峰值振动速度 V_{max}^{peak} 不大于 V_{allow}^{peak} 时, 振动是可接受的。管道振动评估时还应考虑下列因素：

①管道最大振幅和管道振动频率;

②管道系统中敏感设备所处的位置及功能;

③主管道上引出小管的振动特性;

④支吊架类型, 如刚性支吊架、弹性支吊架等。

当综合评估管道系统振动是可接受时, 可不做进一步的测量和评估。当振动不可接受时, 应进行振动治理; 当无法判断振动是否可接受时, 应采用以下(2)振动等级 2 级管道测试与评定的方法进行评估。

(2)振动等级 2 级管道测试与评估

1)振动速度测试

应在管道的最大振幅点上进行测量, 测量方向应与管道轴线垂直, 信号应充分、连续。

2)振动评估

振动等级 2 级管道系统应按表 6-1 至表 6-4 进行评估, 按照相关规定精确计算允许峰值速度 V_{allow}^{peak}。振动评估分为优秀、合格和不合格三类。对系统及附件无特殊安全要求时, 振动评估可参见 DL/T 438—2016。碳钢和不锈钢以外的其他材料管道应根据其疲劳曲线(S-N)并按照相关规定计算允许峰值速度判据。

表 6-1 WZD2 级管道系统的评估(碳钢及低合金钢)

最大峰值振动速度测量值 $V_{\max}^{\text{peak}}/(\text{mm/s})$	振动评估	处理措施
$\leqslant 12.4$	优秀	无
$12.4 < V_{\max}^{\text{peak}} \leqslant V_{\text{allow}}^{\text{peak}}$	合格	应根据疏水管、阀门及相关设备敏感性确定是否需要进行振动治理
$V_{\max}^{\text{peak}} > V_{\text{allow}}^{\text{peak}}$	不合格	应进行振动治理

表 6-2 SZD2 级管道系统的评估(碳钢及低合金钢)

最大峰值振动速度测量值 $V_{\max}^{\text{peak}}/(\text{mm/s})$	振动评估	处理措施
$\leqslant 20.0$	优秀	无
$20.0 < V_{\max}^{\text{peak}} \leqslant V_{\text{allow}}^{\text{peak}}$	合格	应根据疏水管、阀门及相关设备敏感性确定是否需要进行振动治理
$V_{\max}^{\text{peak}} > V_{\text{allow}}^{\text{peak}}$	不合格	应进行振动治理

表 6-3 SZD2 级管道系统的评估(不锈钢)

最大峰值振动速度测量值 $V_{\max}^{\text{peak}}/(\text{mm/s})$	振动评估	处理措施
$\leqslant 21.3$	优秀	无
$21.3 < V_{\max}^{\text{peak}} \leqslant V_{\text{allow}}^{\text{peak}}$	合格	应根据疏水管、阀门及相关设备敏感性确定是否需要进行振动治理
$V_{\max}^{\text{peak}} > V_{\text{allow}}^{\text{peak}}$	不合格	应进行振动治理

表 6-4 SZD2 级管道系统的评估(不锈钢)

最大峰值振动速度测量值 $V_{\max}^{\text{peak}}/(\text{mm/s})$	振动评估	处理措施
$\leqslant 36.4$	优秀	无
$36.4 < V_{\max}^{\text{peak}} \leqslant V_{\text{allow}}^{\text{peak}}$	合格	应根据疏水管、阀门及相关设备敏感性确定是否需要进行振动治理
$V_{\max}^{\text{peak}} > V_{\text{allow}}^{\text{peak}}$	不合格	应进行振动治理

(3)振动等级 3 级管道测试与评估

振动等级 3 级管道系统应按照 DL/T 292—2011 附录 D 允许的交变应力强度作为判据进行评估,评估应分为合格与不合格两类,评估方法如表 6-5 所示。管道振动应力测试和分析方法参见 DL/T 292—2011 附录 A 及附录 E。

表 6-5 振动等级 3 级管道系统的评估

最大应力强度 $S_{\text{alt}}/\text{MPa}$	振动评估	处理措施
$S_{\text{alt}} \leqslant S_{\text{el}}/\alpha$	合格	应根据疏水管、阀门及相关设备敏感性确定是否需要进行振动治理
$S_{\text{alt}} > S_{\text{el}}/\alpha$	不合格	应进行振动治理或系统整改

2. 管道振动治理及验收方法

(1)评估管道振动不可接受或不合格,应按(2)或(3)的要求进行管道振动治理。可能的管道振动治理及相关内容如下。

1)找出激振源并降低或消除激振力。

2)改变管道系统的约束或更改管系布置结构,降低管道振动响应。

3)优化泵或阀门的运行方式,以降低管系振动。

4)对振动治理后的管道系统按要求进行评估,必要时进行振动测试与评估。振动治理应同时核算管道应力及对设备的推力和力矩。

5)振动激励、管道系统的响应和可能额外的测试、分析和整改参见 DL/T 292—2011 附录 F。

(2)对于振型较为明显、振动较规律的管道,如果判断应进行振动治理,则至少应进行下列工作。

1)观察管道振动形态,掌握管道主振型。

2)采用目视测量管道最大振幅、主振动频率,估算最大振动速度。

3)减振方案应综合考虑管道主振型、管道热位移及厂房结构等因素制定,可按 DL/T 5366 或 ASME B31.1 进行管系应力分析。

4)可能使用的减振装置有阻尼器、限位装置、固定支架、滑动支架、弹簧减振器等。

5)减振方案实施后应观察减振效果,并按要求对管道减振效果进行评估验收。

(3)对于振动形态较为复杂或振动剧烈的管道,进行振动治理时,至少应进行下列工作。

1)分析引起管道振动原因,如果是由于泵及阀门运行方式等原因引起管道振动,如阀门内漏、阀门两侧压差过大或两台泵在某流量下管道振动响应明显增大等,应优先考虑对其进行改进或运行优化,以降低或避开振动。

2)观察管道振动形态,掌握管道主振型。

3)采用以上方法(2)进行振动测试和评估,必要时进行管道模态计算,掌握管道振动特征。

4)减振方案应综合考虑管道主振型、管道热位移及厂房结构等因素而制定,可按 DL/T 5366 或 ASME B31.1 进行管系应力分析。

5)可能使用的减振装置有阻尼器、限位装置、固定支架、滑动支架、弹簧减振器等。

6)减振方案实施后应观察记录或测试减振效果,并对管道减振效果进行评估验收,必要时按要求进行评估验收。

(4)管道振动治理应了解和注意以下情况。

1)排汽管和疏水管有一个或两个作为集中质量的隔离阀,应注意是否支撑牢固。

2)主管线较小的振动可能会引起支管远端的大幅振动,这些支管应和主管道一起评估。

3)多泵并行运行工况,泵的组合运行在某流量下会引起管道显著的振动,应对这种振动进行评估或整改。

4)对泵、阀门和换热器等敏感设备,振动可能影响其功能、操控性和结构性能,应仔细评估。

5)对于常发生振动的管道系统,应特别注意焊缝区域,考虑振动引起的焊缝局部应力。

第四节　减温减压装置振动噪声测试示例

1. 测试标准

GJB 4058—2000《舰船设备噪声、振动测量方法》

2. 减温减压装置振动测试

(1)测试工况和测量参数

工况:蒸汽流量为 16t,50t,70t,100t 及 145t。

测量参数:振动加速度级 dB(10Hz~1kHz 以及 10Hz~10kHz),振动速度烈度值 mm/s(10~500Hz,rms)。

（2）测点布置

减温减压装置振动共 6 个测点，分布示意图如图 6-21 所示，分别为 1 减温水喷管法兰连接处、2 减温器筒体后支座、3 减温器筒体前支座、4 减压阀支座、5 减温水喷管根部、6 减温器筒体。

对于 2,3,4,5 号测点，规定 X 方向为减温减压装置的长度方向，Y 方向为宽度方向，Z 方向为高度方向。对于 1,6 号测点规定 X 方向为减温减压装置长度方向，Y 方向为高度方向，Z 方向为宽度方向。

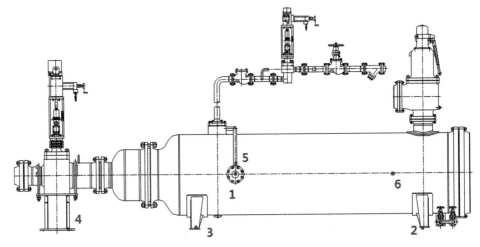

图 6-21　振动测点示意

（3）测试结果

表 6-6 给出了各个工况在不同测点不同方向（X,Y,Z 方向）的振动加速度级（1/3 倍频程 10Hz～10kHz，ref. 1um/s²）、振动加速度级（1/3 倍频程 10Hz～1kHz，ref. 1um/s²），以及振动速度烈度（10～500Hz，rms）。

表 6-6　同工况下不同测点不同方向的振动测试结果

序号	工况	测点	加速度级/dB (10Hz~10kHz, 1/3 倍频程)	加速度级/dB (10Hz~1kHz, 1/3 倍频程)	备注	速度烈度/(mm/s) (10~500Hz, rms)	备注
1	16t 流量	1x	146.3	122.7	如图 6-23 所示	0.6	如图 6-22 所示
2		1y	146.1	126.4		0.7	
3		1z	147.0	126.5		0.8	
4		2x	164.7	126.1		0.6	
5		2y	167.5	123.9		1.2	
6		2z	158.4	126.9		0.5	
7		3x	157.8	128.5		0.7	
8		3y	156.5	125.5		0.4	
9		3z	154.4	118.5		0.7	
10		4x	161.9	140.8		0.8	
11		4y	160.6	139.3		0.5	
12		4z	162.7	154.0		0.6	
13		5x	150.4	121.7		0.5	
14		5y	153.0	127.6		0.9	
15		5z	147.2	120.8		0.4	
16		6x	159.2	123.5		0.4	
17		6y	157.1	122.9		0.5	
18		6z	158.6	137.1		1.0	
19	50t 流量	1x	149.0	123.2	如图 6-25 所示	0.7	如图 6-24 所示
20		1y	148.1	127.3		0.9	
21		1z	148.8	127.2		1.0	
22		2x	165.2	126.6		0.7	
23		2y	169.3	125.5		1.1	
24		2z	159.6	130.7		0.7	
25		3x	160.4	127.8		0.7	
26		3y	157.7	124.0		0.5	
27		3z	155.7	119.1		0.7	
28		4x	163.4	142.9		1.2	
29		4y	161.6	137.6		0.5	
30		4z	164.1	155.0		0.5	
31		5x	147.7	132.8		1.7	
32		5y	139.7	132.3		1.8	
33		5z	139.4	128.4		1.2	
34		6x	141.6	121.7		0.4	
35		6y	142.5	125.2		0.6	
36		6z	160.3	136.4		1.3	

序号	工况	测点	加速度级/dB (10Hz～10kHz, 1/3倍频程)	加速度级/dB (10Hz～1kHz, 1/3倍频程)	备注	速度烈度/(mm/s) (10～500Hz,rms)	备注
37		1x	155.8	137.0		2.8	
38		1y	152.7	139.6		3.8	
39		1z	153.8	139.2		4.0	
40		2x	169.4	138.0		2.6	
41		2y	172.8	136.9		3.1	
42		2z	164.4	141.2		2.3	
43		3x	165.7	140.9		2.8	
44		3y	162.9	135.3		2.0	
45	70t 流量	3z	161.4	129.3	如图 6-27 所示	2.8	如图 6-26 所示
46		4x	167.9	146.3		2.6	
47		4y	166.9	141.1		1.5	
48		4z	169.1	158.1		2.0	
49		5x	153.4	132.2		1.8	
50		5y	158.8	140.4		4.2	
51		5z	154.5	132.8		1.8	
52		6x	140.2	131.3		1.7	
53		6y	141.9	136.3		2.2	
54		6z	163.0	147.7		4.5	
55		1x	155.9	137.8		3.1	
56		1y	152.9	139.8		3.9	
57		1z	154.1	139.6		4.4	
58		2x	169.2	138.4		2.8	
59		2y	173.0	137.2		2.6	
60		2z	164.5	141.4		2.5	
61		3x	165.6	141.1		2.8	
62		3y	162.8	135.3		1.7	
63	100t 流量	3z	161.2	129.4	如图 6-29 所示	2.2	如图 6-28 所示
64		4x	168.0	146.4		2.7	
65		4y	166.9	141.2		1.6	
66		4z	169.1	158.3		2.2	
67		5x	153.6	132.6		2.1	
69		5y	158.7	141.0		4.7	
69		5z	154.5	133.2		1.7	
70		6x	142.3	132.5		1.6	
71		6y	144.9	138.6		2.9	
72		6z	163.1	147.5		4.9	

续表

序号	工况	测点	加速度级/dB (10Hz～10kHz, 1/3 倍频程)	加速度级/dB (10Hz～1kHz, 1/3 倍频程)	备注	速度烈度/(mm/s) (10～500Hz,rms)	备注
73		$1x$	158.2	142.3		5.1	
74		$1y$	155.7	146.5		6.7	
75		$1z$	156.7	146.6		9.9	
76		$2x$	171.8	144.6		5.2	
77		$2y$	174.7	143.6		4.7	
78		$2z$	166.7	146.3		4.5	
79		$3x$	167.6	145.7		5.4	
80		$3y$	164.5	139.0		3.2	
81	145t 流量	$3z$	161.9	134.5	如图 6-31 所示	4.1	如图 6-30 所示
82		$4x$	169.9	148.4		3.7	
83		$4y$	168.5	142.9		2.6	
84		$4z$	170.4	160.2		2.4	
85		$5x$	155.4	139.1		3.1	
86		$5y$	161.3	147.2		9.2	
87		$5z$	156.5	138.6		2.9	
88		$6x$	158.6	143.2		2.6	
89		$6y$	156.2	143.9		3.6	
90		$6z$	166.7	154.3		8.9	

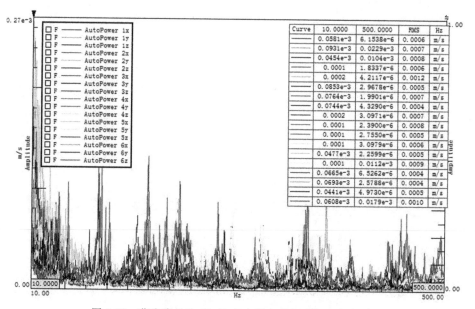

图 6-22 蒸汽流量为 16t/h 各个测点的振动加速度线谱

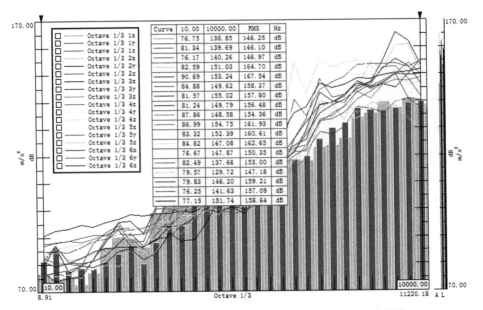

图 6-23　蒸汽流量为 16t/h 各个测点的振动 1/3 倍频程加速度谱

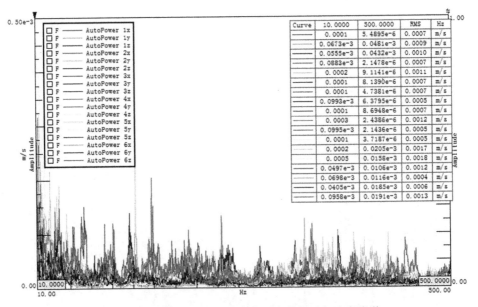

图 6-24　蒸汽流量为 50t/h 各个测点的振动加速度线谱

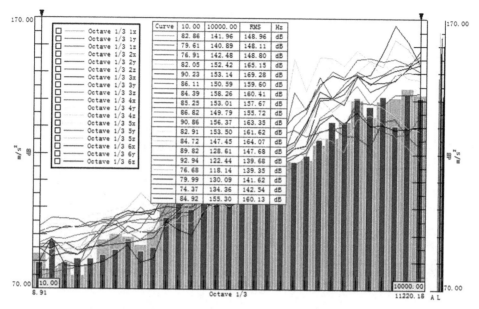

图 6-25　蒸汽流量为 50t/h 各个测点的振动 1/3 倍频程加速度谱

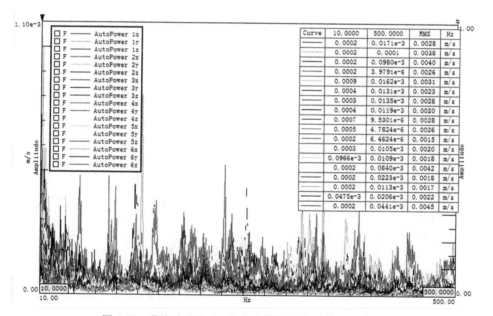

图 6-26　蒸汽流量为 70t/h 各个测点的振动加速度线谱

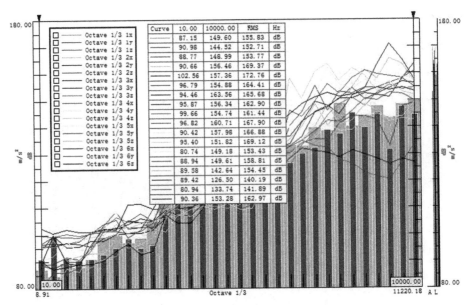

图 6-27　蒸汽流量为 70t/h 各个测点的振动 1/3 倍频程加速度谱

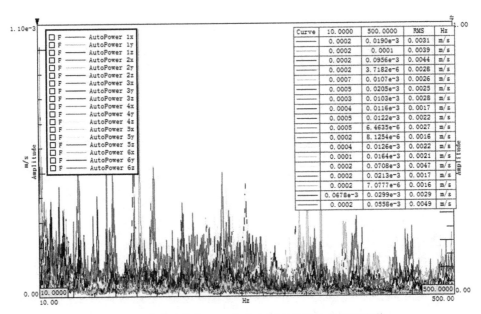

图 6-28　蒸汽流量为 100t/h 各个测点的振动加速度线谱

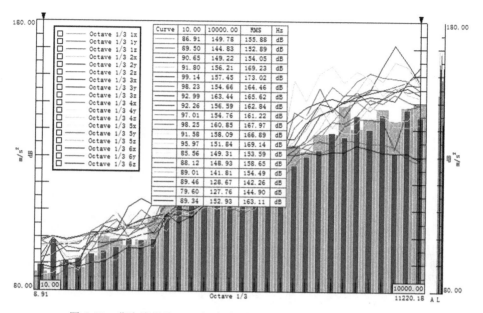

图 6-29 蒸汽流量为 100t/h 各个测点的振动 1/3 倍频程加速度谱

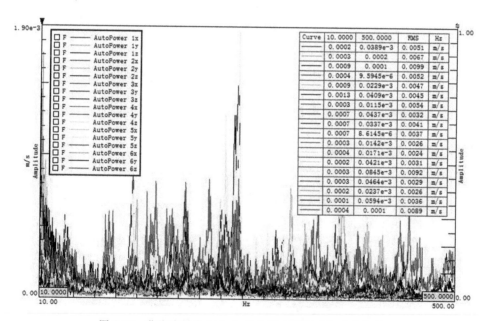

图 6-30 蒸汽流量为 145t/h 各个测点的振动加速度线谱

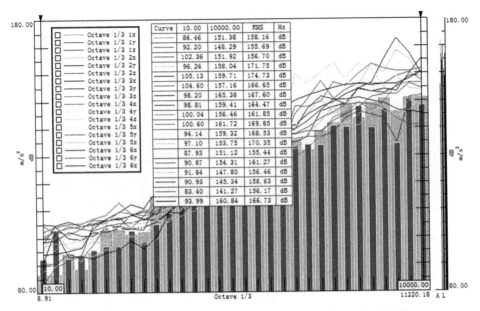

图 6-31　蒸汽流量为 145t/h 各个测点的振动 1/3 倍频程加速度谱

(4)结论

1)装置在 10~500Hz 范围内,最大速度与烈度都在 10mm/s 之内。

2)装置在 10Hz~10kHz 范围内,1/3 倍频程加速度总级达到 170dB。

3.减温减压装置噪声测试

(1)测试工况和测量参数

工况:蒸汽流量为 16t,70t,100t 及 140t。

测量参数:声压级,频率范围为 20Hz~20kHz。

(2)测点布置

噪声测试共 3 个测点,在减温减压装置一侧距离 1m 处如图 6-32 所示,分别为 1 号点(减温器筒体后支座)、2 号点(减温水喷管)、3 号点(减压阀出口)。

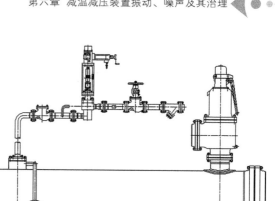

图 6-32 噪声测点示意

（3）测试结果

表 6-7 给出了噪声测试的各个工况各个测点 1m 处的噪声大小 dB(A)（ref. 20μPa）。

表 6-7 减温减压装置各个工况不同测点处的噪声大小

序号	工况	噪声值/dBA(1m, ref. 20μPa)		
		测点 1	测点 2	测点 3
1	蒸汽流量为 16t	94.8	96.7	103.3
2	蒸汽流量为 70t	102.7	105.7	111.5
3	蒸汽流量为 90t	104.4	106.8	110.7
4	蒸汽流量为 140t	108.8	110.0	114.4

注：根据 GJB 4508—2000《船舶设备噪声、振动测试方法》，在装置包络面上选取几个点平均噪声值作为该装置的声压级，因此，按照标准测试该装置的噪声数值小于 114dB(A)。

（4）结论

减温减压装置在额定工况时，最高空气噪声（声压级）为 114dB(A)（1m 处，裸机）。

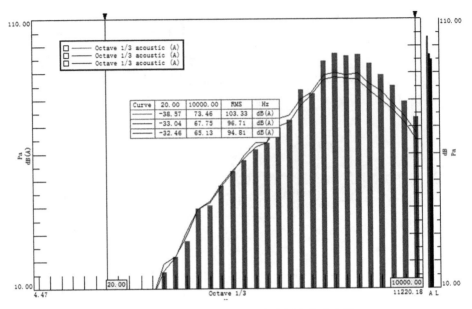

图 6-33　蒸汽流量为 16t/h 各个测点的噪声谱

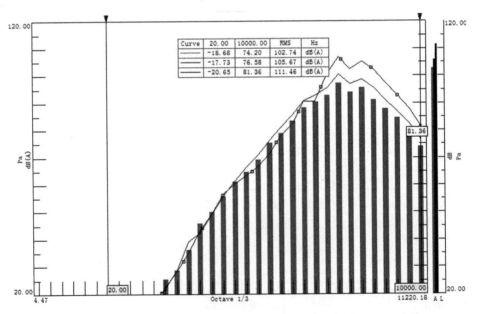

图 6-34　蒸汽流量为 70t/h 各个测点的噪声谱

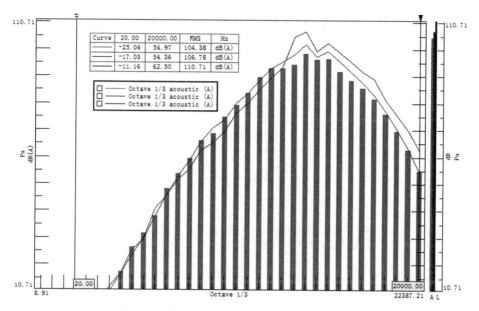

图 6-35　蒸汽流量为 90t/h 各个测点的噪声谱

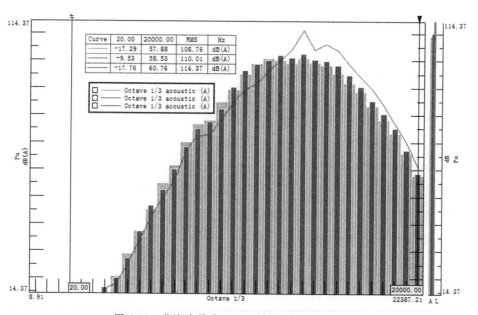

图 6-36　蒸汽流量为 140t/h 各个测点的噪声谱

第七章

管道与阀门的金属监督

管道与阀门的金属监督是指工作温度高于或者等于 400℃的高温承压部件，或工作压力高于或等于 5.9MPa 的承压汽水管道和部件，或工作温度高于或等于 400℃的阀门承压壳体、螺栓。

一般说来，蒸汽管道在高温和应力下长期运行，会发生两种变化过程：①在高温和应力作用下，管道和阀门截面圆周方向上发生变形，也就是管道逐渐增大；②金属钢的组织性质发生变化，使钢的强度和高温性能降低。如果不及时发现问题并对高温管道和阀门采取一定的监督手段，那么由于上述两种的变化，最终可能造成管道爆裂，从而引起严重的后果。

蒸汽管道和阀门的金属监督的主要内容如下。

(1)蒸汽管道和阀门钢种的检验。

(2)蒸汽管道和阀门的蠕变变形监督。

(3)蒸汽管道和阀门钢材在运行过程中，以及超期限运行的材质鉴定。

(4)蒸汽管道和阀门的焊缝缺陷检查。

(5)蒸汽管道和阀门的事故分析等。

第一节　金属材料的监督

通过对受监部件的检验和诊断,及时了解并掌握设备金属部件的质量状况,防止机组设计、制造、安装中出现的与金属材料相关的问题及运行中材料老化、性能下降等引起的各类事故,从而减少机组非计划停运次数,缩短机组非计划停运时间,提高设备安全运行的可靠性,延长设备的使用寿命。

1. 金属技术监督的任务

金属技术监督的任务包括以下内容。

(1)做好受监范围内各种金属部件在设计、制造、安装、运行、检修及机组更新改造中材料质量、焊接质量、部件质量的金属试验检测及监督工作。

(2)对受监金属部件的失效进行调查和原因分析,提出处理对策。

(3)按照相应的技术标准,采用无损检测技术对设备的缺陷及缺陷的发展进行检测和评判,提出相应的技术措施。

(4)按照相应的技术标准,检查和掌握受监部件服役过程中的表面状态、几何尺寸的变化、金属组织老化、力学性能劣化,并对材料的损伤状态做出评估,提出相应的技术措施。

(5)对重要的受监金属部件和超期服役机组进行寿命评估,对含超标缺陷的部件进行安全性评估,为机组的寿命管理和预知性检修提供技术依据。

(6)相关技术人员应参与焊工培训考核。

(7)建立、健全金属技术监督档案,并进行电子文档管理。

2. 金属技术监督的实施

金属技术监督的实施包括以下内容。

(1)金属技术监督是火力发电厂技术监督的重要组成部分,是保证火电机组安全运行的重要措施,应实现在机组设计、制造、安装(包括工厂化配管)、工程监理、调试、试运行、运行、停用、检修、技术改造各个环节的全过程技术监督和技术管理工作中。

(2)金属技术监督应贯彻"安全第一、预防为主"的方针,实行金属专业监督与其他专业监督相结合,有关电力设计、制造、安装、工程监理、调试、运行、检修、修造、物资供应和试验研究等部门应执行。

(3)火力发电厂和电力建设公司应设金属技术监督专责工程师,金属技术监督专责工程师应有从事金属技术监督的专业知识和经验。

(4)火力发电厂和电力建设公司应设相应的金属技术监督网,监督网成员应有金属技术监督的技术主管,金属检测、焊接、锅炉、汽轮机、电气专业技术人员和金属材料供应部门的主管人员。

(5)火力发电厂和电力建设公司与金属监督相关的人员应熟悉金属技术监督规程,根据实际情况组织培训学习。

3. 金属材料的监督

(1)受监范围的金属材料及其部件应按相应的国家标准、国内外行业标准(若无国家标准、国内外行业标准,可按企业标准)和订货技术条件对其质量进行检验。

(2)材料的质量验收应遵照以下规定。

1)受监的金属材料应符合相关国家标准、国内外行业标准(若无国家标准、国内外行业标准,可按企业标准)或订货技术条件,进口金属材料应符合合同规定的相关国家的技术法规、标准。

2)受监的钢材、钢管、备品和配件应按质量证明书进行验收。质量证明书中一般应包括材料牌号、炉批号、化学成分、热加工工艺、力学性能及金相(标准或技术条件要求时)、无损探伤、工艺性能试验结果等。数据不全的应进行补检,补检的方法、范围、数量应符合相关国家标准、行业标准或订货技术条件。

3)重要的金属部件,如锅筒、汽水分离器、集箱、主蒸汽管道、再热蒸汽管道、主给水管道、导汽管、汽轮机大轴、汽缸、叶轮、叶片、高温螺栓、发电机大轴、护环等应有部件质量保证书,质量保证书中的技术指标应符合相关国家标准、行业标准或订货技术条件。

4)电厂设备更新改造及检修更换材料、备用金属材料的检验按照 DL/T 438—2016 中相关规定执行,锅炉部件金属材料的复检按照 GB/T 16507.2、

TSG 11,以及订货技术条件执行。

5)受监金属材料的个别技术指标不满足相应标准的规定或对材料质量产生疑问时,应按相关标准抽样检验。

6)无论进行复型金相检验或试样的金相组织检验,金相照片均应注明分辨率(标尺)。

(3)对进口钢材、钢管和备品、配件等,进口单位应在索赔期内,按合同规定进行质量验收。除应符合相关国家标准和合同规定的技术条件外,还应有报关单、商检合格证明书。

(4)凡是受监范围的合金钢材及部件,在制造、安装或检修中更换时,应验证其材料牌号,防止错用。安装前应进行光谱检验,确认材料无误,方可使用。

(5)电厂备用金属材料或金属部件不是由材料制造商直接提供时,供货单位应提供材料质量证明书原件或者材料质量证明书复印件,并加盖供货单位公章和经办人签章。

(6)电厂备用的锅炉合金钢管,按 100% 进行光谱、硬度检验,特别注意奥氏体耐热钢管的硬度检验。若发现硬度明显高或低,应检查金相组织是否正常,锅炉管和汽水管道材料的金相组织按 GB/T 5310 执行。

(7)材料代用原则按下述条款执行。

1)选用代用材料时,应选化学成分、设计性能和工艺性能相当或略优者,应保证在使用条件下各项性能指标均不低于设计要求;若代用材料工艺性能不同于设计材料,应经工艺评定验证后方可使用。

2)制造、安装(含工厂化配管)中使用代用材料,应得到设计单位的同意;若涉及现场安装焊接,还需告知使用单位,并由设计单位出具代用通知单。使用单位应予以见证。

3)机组检修中部件更换使用代用材料时,应征得金属技术监督专责工程师的同意,并经技术主管批准。

4)合金材料代用前和组装后,应对代用材料进行光谱复查,确认无误后,方可投入运行。

5)采用代用材料后,应做好记录,同时应修改相应图纸并在图纸上注明。

(8)受监范围内的钢材、钢管和备品、配件,无论是短期或长期存放,都应挂牌,标明材料牌号和规格,按材料牌号和规格分类存放。

(9)物资供应部门、各级仓库、车间和工地储存受监范围内的钢材、钢管、焊接材料和备品、配件等,应建立严格的质量验收和领用制度,严防错收错发。

(10)原材料的存放应根据存放地区的气候条件、周围环境和存放时间的长短,建立严格的保管制度,防止原材料变形、腐蚀和损伤。

(11)奥氏体钢部件在运输、存放、保管、使用过程中应按下述条款执行。

1)奥氏体钢应单独存放,严禁与碳钢或其他合金钢混放接触。

2)奥氏体钢的运输及存放应避免材料受到盐、酸及其他化学物质的腐蚀,且避免雨淋。对于沿海及有此类介质环境的发电厂应特别注意。

3)奥氏体钢存放应避免接触地面,管子端部应有堵头。其防锈、防蚀应按 DL/T 855 相关规定执行。

4)奥氏体钢材在吊运过程中不应直接接触钢丝绳,以防止其表面保护膜损坏。

5)奥氏体钢打磨时,宜采用专用打磨砂轮片。

6)应定期检查奥氏体钢备件的存放及表面质量状况。

(12)在火电机组设备招评标过程中,应对部件的选材,特别是超(超)临界机组高温部件的选材进行论证。火电机组设备的选材应参照 DL/T 715 执行。

第二节　焊接质量的监督

凡金属监督范围内的锅炉、汽轮机承压管道和部件的焊接,均应由具有相应资质的焊工担任。对有特殊要求的部件焊接,焊工应进行焊前模拟性练习,熟悉该部件材料的焊接特性。

凡焊接受监范围内的各种管道和部件,焊接材料的选择、焊接工艺、焊接质量检验方法、范围和数量,以及质量验收标准,应按 DL/T 869 和相关技术协议的规定执行,焊后热处理按 DL/T 819 执行。

锅炉产品焊接前,施焊单位应有按 NB/T 47014 或 DL/T 868 的规定进行的、涵盖所承接焊接工程的焊接工艺评定和报告。对不能涵盖的焊接工程,应按 NB/T 47014 或 DL/T 868 进行焊接工艺评定。

　　焊接材料(焊条、焊丝、焊剂、钨棒、保护气体、乙炔等)的质量应符合相应的国家标准或行业标准,焊接材料均应有制造厂的质量合格证。承压设备用焊接材料应符合 NB/T 47018。

　　焊接材料应设专库储存,保证库房内湿度和温度符合要求,并按相关技术要求进行管理。

　　外委工作中凡属受监范围内的部件和设备的焊接,应遵循以下原则。

　　(1)对承包商施工资质、焊接质量保证体系、焊接技术人员、焊工、热处理工的资质及检验人员资质证书原件进行见证审核,并留复印件备查归档。

　　(2)承担单位应有按照 NB/T 47014 或 DL/T 868 规定进行的焊接工艺评定,且评定项目能够覆盖承担的焊接工作范围。

　　(3)承担单位应具有相应的检验试验能力,或委托有资质的检验单位承担其范围内的检验工作。

　　(4)委托单位方应对焊接过程、焊接质量检验和检验报告进行监督检查。

　　(5)工程竣工时,承担单位应向委托单位提供完整的技术报告。

　　受监范围内部件焊缝外观质量检验不合格时,不允许进行其他项目的检验。采用代用材料,除执行材料代用原则外,还应做好抢修更换管排时材料变更后的用材及焊缝位置变化的记录。

第三节　混合管道和蒸汽管道的监督

　　(1)管道材料的监督按相关标准执行。重要的钢管技术标准有 ASME SA-335/SA-335M、DINEN 10216-2 和 GB/T 5310。

　　(2)国产管件及进口管件质量验收标准。

　　1)国产管件应满足以下标准。

　　①弯管应符合 DL/T 515 的规定。

　　②弯头、三通和异径管应符合 DL/T 695 的规定。

　　③锻制大直径三通应符合 DL/T 473 的规定。

　　2)进口管件质量验收可参照 ASME SA-182/SA-182M 执行。

　　(3)超超临界机组高压旁路用高压旁路阀替代安全阀,低温再热蒸汽进口管道和高压旁路阀减温减后管道用钢应采用 15CrMoGP12、SA-6911-1/4CrCL22 或更高等级的合金钢管。

（4）受监督的管道，在工厂化配管前，应由有资质的检测单位进行以下检验。

1）钢管表面上的出厂标记（钢印或漆记）应与该制造商产品标记相符，并应从钢管的标记、表面加工痕迹来初步辨识管道的真伪，以防止出现假冒管道；见证有关进口报关单、商检报告，必要时可到到货港口进行拆箱见证。

2）100%进行外观质量检验。钢管内外表面不允许有裂纹、折叠、轧折、结疤、离层等缺陷，钢管表面的裂纹、机械划痕、擦伤和凹陷，以及深度大于1.5mm 的缺陷应完全清除，清除处的实际壁厚不应小于壁厚偏差所允许的最小值，且不应小于按 GB 50764 计算的最小需要厚度。对一些可疑缺陷，必要时进行表面探伤。

3）热轧（挤）钢管内外表面不允许有尺寸大于壁厚 5%，且最大深度大于0.4mm 的直道缺陷。

4）检查校核钢管的壁厚和管径应符合相关标准的规定。

5）对合金钢管逐根进行光谱检验，光谱检验按 DL/T 991 执行。

6）合金钢管按同规格根数抽取 30%进行硬度检验，每种规格至少抽查1 根，在每根钢管的 3 个截面（两端和中间）检验硬度，每一截面上硬度检测尽可能在圆周四等分的位置。若由于场地限制，可不在四等分位置，但至少在圆周测 3 个部位，每个部位至少测量 5 点。

7）对合金钢管按同规格根数的 10%进行金相组织检验，每炉批至少抽查 1 根，检验方法和验收分别按 DL/T 884 和 GB/T 5310 执行。

8）对直管按同规格至少抽取 1 根进行以下项目试验，确认下列项目符合国家标准、行业标准或合同规定的技术条件，或国外相应的标准；若同规格钢管为不同制造商生产，则对每一制造商供货的钢管应至少抽取 1 根进行试验。

①化学成分；

②拉伸、冲击、硬度；

③金相组织、晶粒度和非金属夹杂物；

④弯曲试验取样参照 ASME SA-335/SA-335M 执行。

9）钢管按同规格根数的 20%进行超声波探伤，重点为钢管端部的 0～

500mm 区段,若发现超标缺陷,则应扩大检查范围,同时在钢管端部进行表面探伤,超声波探伤按 GB/T 5777 执行,层状缺陷的超声波检测按 BS EN 10246-14 执行。对钢管端部的夹层缺陷,应在钢管端部 0～500mm 区段内从内壁进行测厚,周向至少测 5 点,轴向至少测 3 点,一旦发现缺陷,则应在缺陷区域增加测点,直至确定缺陷范围。对于钢管 0～500mm 区段的夹层类缺陷,按 BS EN 10246-14 中的 U2 级别验收;对于距焊缝坡口 50mm 附近的夹层缺陷,按 U0 级别验收;配管加工的焊接坡口,检查发现夹层缺陷,应予以机械切除。

10)对带纵焊缝的低温再热蒸汽管道,根据焊缝的外观质量,按同规格根数抽取 20%(至少抽 1 根),对抽取的管道按焊缝长度的 10% 依据 NB/T 47013.3、NB/T 47013.4 进行超声、磁粉检测,必要时依据 NB/T 47013.2 进行射线检测,同时对抽取的焊缝进行硬度和壁厚检查。

(5)钢管的硬度检验,可采用便携式里氏硬度计按照 GB/T 17394.1 测量。一旦出现硬度偏离本规程的规定值,应在硬度异常点附近扩大检查区域,检查出硬度异常的区域、程度,同时宜采用便携式布氏硬度计测量校核。同一位置 5 个布氏硬度测量点的平均值应处于 DL/T 438—2016 的规定范围,但允许其中一个点超出规定范围 5HB。对于本规程中金属部件焊缝的硬度检验,按照金属母材的方法执行。电站常用金属材料硬度值见 DL/T 438—2016。

(6)钢管硬度高于或拉伸强度高于相关标准的上限应进行再次回火;硬度低于或拉伸强度低于相关标准规定的下限,可重新正火(淬火)＋回火。重新正火(淬火)＋回火不应超过 2 次,新回火不宜超过 3 次。

(7)受监督的弯头/弯管,在工厂化配管前,应由有资质的检测单位进行以下检验。

1)弯头/弯管表面上的出厂标记(钢印或漆记)应与该制造商产品标记相符。

2)100% 进行外观质量检查。弯头/弯管表面不允许有裂纹、折叠、重皮、凹陷和尖锐划痕等缺陷。对一些可疑缺陷,必要时进行表面无损检测。表面缺陷的处理及消缺后的壁厚 100% 外观质量检验,必要时进行表面无损检测。

3)按质量证明书校核弯头/弯管规格并检查以下几何尺寸。

①逐件检验弯头/弯管的中性面和外/内弧侧壁厚;宏观检查弯头/弯管内弧侧的波纹,对较严重的波纹进行测量。对弯头/弯管的椭圆度按20%进行抽检,若发现不满足 DL/T 515、DL/T 695 或本规程的规定,应加倍抽查;对弯头的内部几何形状进行宏观检查,若发现有明显扁平现象,应从内部测椭圆度。

②弯管的椭圆度应满足:热弯弯管椭圆度小于7%,冷弯弯管椭圆度小于8%;公称压力大于8MPa的弯管,椭圆度小于5%。

③弯头的椭圆度应满足:公称压力大于等于10MPa 时,椭圆度小于3%;公称压力小于10MPa 时,椭圆度小于5%。

4)合金钢钢管应进行光谱检验。

5)对合金钢弯头/弯管100%进行硬度检验,在0°,45°,90°选3个截面,每一截面至少在外弧侧和中性面测3个部位,每个部位至少测量5点。弯头的硬度测量宜采用便携式里氏硬度计。若发现硬度异常,应在硬度异常点附近扩大检查区域,检查出硬度异常的区域、程度。弯头/弯管的硬度检验钢管硬度检查要求执行,对于便携式布氏硬度计不易检测的区域,根据同一材料、相近规格、相近硬度范围内便携式里氏硬度计与便携式布氏硬度计测量的对比值,对便携式里氏硬度计测量值予以校核。确认硬度高于相关标准的上限应进行再次回火;硬度低于或拉伸强度低于相关标准规定下限的,可重新正火(淬火)+回火。重新正火(淬火)+回火不应超过2次,新回火不宜超过3次。

6)对合金钢弯头/弯管按同规格数量的10%进行金相组织检验(同规格的不应少于1件),检验方法按 DL/T 884 执行,验收参照 GB/T 5310。

7)弯头/弯管的外弧面按同规格数量的10%进行探伤抽查,弯头/弯管探伤按 DL/T 718 执行。对于弯头/弯管的夹层类缺陷,参照 DL/T 438—2016 执行。

8)弯头/弯管有下列情况之一时,为不合格。

①存在晶间裂纹、过烧组织或无损探伤等超标缺陷。

②弯头弯管外弧、内弧侧和中性面的最小壁厚小于按 GB/T 165074 计算的最小需要厚度。

③弯头/弯管椭圆度超标。

④焊接弯管焊缝存在超标缺陷。

(8)受监督的锻制、热压和焊制三通以及异径管,配管前应由有资质的检测单位进行如下检验。

1)三通和异径管表面上的出厂标记(钢印或漆记)应与该制造商产品标记相符。

2)100%进行外观质量检验。锻制、热压三通,以及异径管表面不允许有裂纹、折叠、重皮、凹陷和尖锐划痕等缺陷。对一些可疑缺陷,必要时进行表面探伤。表面缺陷的处理及消缺后的壁厚若低于名义尺寸,则按不低于壁厚负偏差的要求。

3)对三通及异径管进行壁厚测量,热压三通应包括肩部的壁厚测量。三通及异径管的壁厚应满足 DL/T 695 的要求。

4)合金钢三通、异径管应逐件进行光谱检验。

5)合金钢三通、异径管按 100%进行硬度检验,三通至少在肩部和腹部位置 3 个部位测量,异径管至少在大、小头位置测量,每个部位至少测量 5 点。三通、异径管的便度检验按 DL/T 438—2016 执行,若发现硬度异常,应在硬度异常点附近扩大检查区域,检查出硬度异常的区域、度。对于便携式布氏硬度计不易检测的区域,根据同一材料、相近规格、相近硬度范围内便携式里氏硬度计与便携式布氏硬度计测量的对比值,对便携式里氏硬度计测量值予以校核。确认硬度低于或高于规定值,硬度高于或拉伸强度高于相关标准的上限应进行再次回火;硬度低于或拉伸强度低于相关标准规定的下限,可重新正火(淬火)+回火。重新正火(淬火)+回火不应超过 2 次,新回火不宜超过 3 次。

6)合金钢三通、异径管按 10%进行金相组织检验(应不少于 1 件),检验方法按 DL/T 884 执行,验收参照 GB/T 5310。

7)三通、异径管按 10%进行表面探伤和超声波抽查。三通超声波探伤按 DLT 718 执行。

8)三通、异径管有下列情况之一时,为不合格。

①存在晶间裂纹、过烧组织或无损探伤等超标缺陷。

②焊接三通焊缝存在超标缺陷。

③几何形状和尺寸不符合 DL/T 695 中有关规定。

④三通主管/支管壁厚、异径管最小壁厚或三通主管/皮管的补强面积小于按 GB 50764 计算的最小需要厚度或补强面积。

(9)对验收合格的直管段与管件,按 DL/T 850 进行组配,组配件应由有资质的检测单位进行如下检验。

1)对管道组配件表面质量 100% 进行检查,焊缝质量按 DL/T 869 执行,钢管和管件的表面质量分别按 GB/T 5310 和 DL/T 695 执行。

2)对配管的长度偏差、法兰形位偏差按同规格数量的 20% 进行测量,同规格至少测量 1 个,对环焊缝按焊缝数量的 20% 检查错口和壁厚,特别注意焊缝邻近区域的管道壁厚,检查结果应符合 DL/T 850 的规定。

3)对合金钢管焊缝按数量的 20% 进行光谱检验,一旦发现用错焊材,则应扩大检查范围。

4)低合金钢管组配件热处理后应按焊接接头数量的 10% 进行硬度检验,P91、P92 为 100%;同时,组配件整体热处理后还应对合金钢管、管件按数量的 10% 进行硬度抽查,同规格至少抽查 1 根。环焊缝焊接接头硬度检测尽可能在圆周四等分的位置,若由于场地限制,可不在四等分位置,但至少应在圆周测 3 个部位,每个部位应包括焊缝、熔合区、热影响区和邻近母材,每个部位至少测量 5 点。

5)组配件对接焊缝、接管座角焊缝按焊缝数量的 10% 进行无损检测,表面探伤按 NB/T 47013.4 或 NB/T 47013.5 执行,超声波探伤按 DL/T 820 执行。

6)管段上小口径接管(疏水管、测温管、压力表管、空气管、安全阀、排气阀、充氮、取样管等)应采用与管道相同的材料,按数量的 20% 进行形位偏差测量,结果应符合 DL/T 850 中的规定。

7)组配件焊缝硬度高于或低于 DL/T 869 的规定值,应分析原因,确定处理措施。若高于 DL/T 869 的规定值,可再次进行回火,重新回火不宜超过 3 次;若低于 DL/T 869 的规定值,应挖除重新焊接和热处理。同一部位挖补,碳钢不宜超过 3 次,耐热钢不应超过 2 次。

(10)受监督的阀门,安装前应由有资质的检测单位进行如下检验。

1)阀壳表面上的出厂标记(钢印或漆记)应与该制造商产品标记相符。

2)国产阀门的检验按照 NB/T 47044、JB/T 5263、DL/T 531 和 DL/T 922 执行;进口阀门的检验按照相应国家的技术标准执行,并参照上述 4 个标准。

3)校核阀门的规格,并 100% 进行外观质量检验。铸造阀壳内外表面应

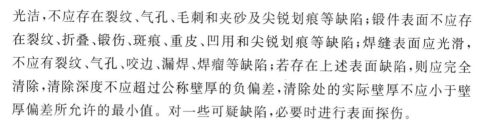

光洁,不应存在裂纹、气孔、毛刺和夹砂及尖锐划痕等缺陷;锻件表面不应存在裂纹、折叠、锻伤、斑痕、重皮、凹用和尖锐划痕等缺陷;焊缝表面应光滑,不应有裂纹、气孔、咬边、漏焊、焊瘤等缺陷;若存在上述表面缺陷,则应完全清除,清除深度不应超过公称壁厚的负偏差,清除处的实际壁厚不应小于壁厚偏差所允许的最小值。对一些可疑缺陷,必要时进行表面探伤。

4)对合金钢制阀壳逐件进行光谱检验,光谱检验按 DL/T 991 执行。

5)同规格阀壳件按数量的 20% 进行无损检测,至少抽查 1 件。重点检验阀壳外表面非圆滑过渡和壁厚变化较大的区域。阀壳的渗透、磁粉和超声波检测分别按 JB/T 6902、JB/T 6439、GB/T 7233.2 执行。焊缝区、补焊部位的探伤按 NB/T 47013.2、NB/T 47013.5 执行。

6)对低合金钢、10Cr 钢制阀壳分别按数量的 10%、50% 进行硬度检验,硬度检验方法按 DL/T 438—2016 标准 7.1.5 执行,每个阀门至少测 3 个部位。若发现硬度异常,则扩大检查区域,检查出硬度异常的区域、程度。对于便携式布氏硬度计不易检测的区域,根据同一材料、相近规格、相近硬度范围内便携式里氏硬度计与便携式布氏硬度计测量的对比值,对便携式里氏硬度计测量值予以校核,确认硬度低于或高于规定值,硬度高于或拉伸强度高于相关标准的上限应进行再次回火;硬度低于或拉伸强度低于相关标准规定的下限,可重新正火(淬火)+回火。重新正火(淬火)+回火不应超过 2 次,新回火不宜超过 3 次。

(11)主蒸汽管道、高温再热蒸汽管道上的堵板应采用锻件,安装前应进行光谱检验、强度校核;安装前堵板和安装后的焊缝应进行 100% 磁粉和超声波检测。

(12)设计单位应向电厂提供管道立体布置图,并在图中标明以下内容。

1)管道的材料牌号、规格、理论计算壁厚、壁厚偏差。

2)管道的冷紧口位置及冷紧值。

3)管道对设备的推力、力矩。

4)管道最大应力值及其位置。

(13)新建机组主蒸汽管道、高温再热蒸汽管道,可不安装蠕变变形测点;对已安装了蠕变变形测点的蒸汽管道,可继续按照 DL/T 441 进行蠕变变形测量。

(14)服役温度高于等于 450℃ 的主蒸汽管道、高温再热蒸汽管道,应在直管段上设置监督段(主要用于硬度和金相跟踪检验);监督段应选择该管系中实际壁厚最薄的同规格钢管,其长度约为 1000mm;监督段应包括锅炉蒸汽出口第一道焊缝后的管段。

(15)在主蒸汽管道、高温再热蒸汽管道以下部位可装设安全状态在线监测装置。

1)管道应力危险区段。

2)管壁较薄、应力较大或运行时间较长,以及经评估后剩余寿命较短的管道。

(16)安装前,安装单位应按 DL/T 5190.5 对直管段、管件、管道附件和阀门进行相关检验,检验结果应符合 DL/T 5190.5 及相关标准规定。

(17)安装前,安装单位应对直管段、弯头/弯管、三通进行内外表面检验和几何尺寸抽查,抽查内容如下。

1)管段按数量的 20% 测量直管的外(内)径和壁厚。

2)弯头/弯管按数量的 20% 进行椭圆度、壁厚测量,特别是外弧侧的壁厚。

3)测量热压三通肩部、管口区段以及焊制三通管口区段的壁厚。

4)测量异径管的壁厚和直径。

5)测量管道上小接管的形位偏差。

(18)安装前,安装单位应对合金钢管、合金钢制管件(弯头/弯管、三通、异径管)100% 行光谱检验,管段管件分别按数量的 20% 和 10% 进行硬度和金相组织检验,每种规格至少抽查 1 个,硬度异常的管件应扩大检查比例且进行金相组织检验

(19)应对主蒸汽管道、高温再热蒸汽管道上的堵阀/堵板阀体、焊缝按数量的 10% 行无损探伤抽查。

(20)主蒸汽管道、高温再热蒸汽管道和高温导汽管的安装焊接应采取氩弧焊打底。焊接接头在热处理后或焊后(不需热处理的焊接接头)应进行无损探伤,特别注意与三通、阀门相邻焊缝的无损探伤。管道焊接接头的超声波探伤按 DL/T 820 执行,射线探伤按 DL/T 821 执行,质量评定按 DL/T 5210.7、DL/T 869 执行。对虽未超标但记录的缺陷,应确定位置、尺寸和性质,并记入技术档案。

(21)安装焊缝的外观、光谱、硬度、金相组织检验和无损探伤的比例、质

量要求按 DL/T 869、DL/T 5210.5 中的规定执行,对 9%～12%Cr 类钢制管道的有关检验监督项目按 DL/T 438—2016 执行。

(22)管道安装完应对监督段进行硬度和金相组织检验。

(23)管道保温层表面应有焊缝位置的标志。

(24)安装单位应向电厂提供与实际管道和部件相对应的以下资料。

1)安装焊缝坡口形式、焊缝位置、焊接及热处理工艺及各项检验结果。

2)直管的外观、几何尺寸和硬度检查结果,合金钢直管应有金相组织检验结果。

3)弯头/弯管的外观、椭圆度、壁厚等检验结果。

4)合金钢制弯头/弯管的硬度和金相组织检验结果。

5)管道系统合金钢部件的光谱检验记录。

6)代用材料记录。

7)安装过程中的异常情况及处理记录。

(25)主蒸汽管道、高温再热蒸汽管道露天布置的区段,以及与油管平行、交叉和可能滴水的区段,应加包金属薄板保护层,露天吊架处应有防雨水渗入保护层的措施。

(26)主蒸汽管道、高温再热蒸汽管道保温应良好,严禁裸露运行,保温材料应符合设计要求;运行中严防水、油渗入管道保温层。保温层破裂或脱落时,应及时修补。更换容重相差较大的保温材料时,应考虑其对支吊架的影响;严禁在管道上焊接临时拉钩,严禁借助管道起重物。

(27)服役温度高于等于 450℃ 的锅炉出口、汽轮机进口的导汽管,参照主蒸汽管道、高温再热蒸汽管道的监督检验规定执行。

(28)监理单位应向电厂提供钢管、管件原材料检验、焊接工艺执行监督以及安装质量检验监督等相应的监理资料。

第四节　　在役机组的检验监督

1.管件及阀门的检验监督

(1)机组第一次 A 级检修或 B 级检修,应查阅管件及阀门的质保书、安装前检验记录,根据安装前对管件、阀壳的检验结果,重点检查缺陷相对严重、受力较大的部位,以及壁厚较薄的部位。检查项目包括外观、光谱、硬度、壁厚、椭圆度检验和无损探伤。若发现硬度异常,应进行金相组织检查。对安装前检验正常的管件、阀壳,根据设备的运行工况,按大于等于管件、阀壳数量的 10%进行以上项目检查,后一次 A 级检修或 B 级检修的抽查部件为前次未检部件。

(2)每次 A 级检修,应对以下管件进行硬度、金相组织检验,硬度、金相组织检验点应在前次检验点处或附近区域。

1)安装前硬度、金相组织异常的管件。

2)安装前椭圆度较大、外弧侧壁厚较薄的弯头/弯管。

3)锅炉出口的第一个弯头/弯管、汽轮机入口邻近的弯头/弯管。

(3)机组每次 A 级检修,应对安装前椭圆度较大、外弧侧壁厚较薄的弯头/弯管进行椭圆度和壁厚测量;对存在较严重缺陷的阀门、管件,每次 A 级检修或 B 级检修应进行无损探伤。

(4)服役温度高于等于 450℃的导汽管弯管,参照主蒸汽管道、高温再热蒸汽管道弯管监督检验规定执行。

(5)服役温度在 400～450℃范围内的管件及阀壳,运行 8 万小时后根据设备运行状态,随机对硬度和金相组织进行抽查,下次抽查时间和比例根据上次检查结果确定。

(6)弯头/弯管、三通和异径管发现下列情况时,应及时处理或更换。

1)产生蠕变裂纹或严重的蠕变损伤(蠕变损伤 4 级及以上)时。蠕变损伤评级如表 7-2 所示低合金耐热钢蠕变损伤评级执行。

2)碳钢、钼钢弯头、三通和焊接接头石墨化达 4 级时。石墨化评级按 DL/T 786 规定执行。

3)已运行 20 万小时的铸造弯头、三通,检验周期应缩短到 2 万小时,根据检验结果决定是否更换。

4)对需更换的三通和异径管,推荐选用锻造、热挤压、带有加强的焊制三通。

(7)铸钢阀壳存在裂纹、铸造缺陷,经打磨消缺后的实际壁厚小于 NB/T 47044 中规定的最小壁厚时,应及时处理或更换。

(8)累计运行时间达到或超过 10 万小时的主蒸汽管道和高温再热蒸汽

管道,其弯管为非中频弯制的应予更换。若不具备更换条件,应予以重点监督,监督的内容主要如下。

1)弯管外弧侧、中性面的壁厚和椭圆度。

2)弯管外弧侧、中性面的硬度。

3)弯管外弧侧的金相组织。

4)外弧表面磁粉检测和中性面内壁超声波检测。

2. 低合金耐热钢及碳钢管道的检验监督

(1)机组第一次 A 级检修或 B 级检修,应查阅直段的质保书、安装前直段的检验记录,根据安装前及安装过程中对直段的检验结果,对受力较大部位、壁厚较薄的部位,以及检查焊缝拆除保温的邻近直段进行外观检查,所查管段的表面质量应符合 GB/T 5310 规定,焊缝表面质量应符合 DL/T 869 规定;对存在超标的表面缺陷应予以磨除,磨除要求:钢管内外表面不允许有裂纹、折叠、轧折、结疤、离层等缺陷,钢管表面的裂纹、机械划痕、擦伤和凹陷及深度大于 1.5mm 的缺陷应完全清除,清除处的实际壁厚不应小于壁厚偏差所允许的最小值,且不应小于按 GB 50764 计算的最小需要厚度。对一些可疑缺陷,必要时进行表面探伤;同时检查直管段有无直观可视的胀粗。此后的检查除上述区段外,根据机组运行情况选择检查区段。

(2)机组每次 A 级检修,应对以下管段和焊缝进行硬度和金相组织检验,硬度和金相组织检验点应在前次检验点处或附近区域。

1)监督段直管。

2)安装前硬度、金相组织异常的直段和焊缝。

3)正常区段的直段、焊缝,按数量的 10% 进行硬度抽检。硬度检验部位:合金钢管按同规格根数抽取 30% 进行硬度检验,每种规格至少抽查 1 根,在每根钢管的 3 个截面(两端和中间)检验硬度,每一截面上硬度检测尽可能在圆周四等分的位置。若受场地限制,可不在四等分位置,但至少在圆周测 3 个部位,每个部位至少测量 5 点。检验方法:可采用便携式里氏硬度计按照 GB/T 17394.1 测量,一旦出现硬度偏离本规程的规定值,应在硬度异常点附近扩大检查区域,检查出硬度异常的区域、程度,同时宜采用便携式布氏硬度计测量校核。同一位置 5 个布氏硬度测量点的平均值应处于 DL/T 438—2016 的规定范围,但允许其中一个点超出规定范围 5HB。对于本规程中金属部件焊缝的硬度检验,按照金属母材的方法执行。

(3)管道焊缝的检验如下。

1)机组第一次 A 级检修或 B 级检修时,应查阅环焊缝的制造、安装检验记录,根据安装前及安装过程中对环焊缝(无损检测、硬度、金相组织以及壁厚、外观等)的检测结果,检查质量相对较差、返修过的焊缝;对正常焊缝,应按不低于焊缝数量的 10% 进行无损探伤。之后的检查重点为质量较差、返修过、受力较大部位以及壁厚较薄部位的焊缝,特别注意与三通、阀门相邻焊缝的无损探伤;逐步扩大对正常焊缝的抽查,后次 A 级检修或 B 级检修的抽查为前次未检的焊缝,至 3~4 个 A 级检修完成全部焊缝的检验。焊缝表面探伤按 NB/T 47013.5 执行,超声波探伤按 DL/T 820 执行。

2)机组第一次 A 级检修或 B 级检修时,对再热冷段蒸汽管道,应根据安装前对焊缝质量(外观、无损检测、硬度以及壁厚等)的检测评估结果,检测质量相对较差、返修过的焊缝区段;对正常焊缝,按同规格根数抽取 20%(至少抽 1 根),对抽取的管道按焊缝长度的 10% 进行无损检测,对抽取的焊缝进行硬度、壁厚检查;若硬度异常,进行金相组织检查。后次 A 级检修或 B 级检修的抽查为前次未检的焊缝,焊缝表面探伤按 NB/T 47013.5 执行,超声波探伤按 DL/T 820 执行。

(4)外径小于 89mm 的与管道相连的小口径管,应进行如下检验。

1)机组每次级检修或 B 级检修,对与管道相连的小口径管(测温管、压力表管、安全阀、排气阀、充氮等)管座角焊缝按不少于 20% 的比例进行检验,至少应抽检 5 个。检验内容主要为角焊缝外观和表面探伤,必要时进行超声波、涡流或磁记忆检测。后次抽查部位为前次未检部位,至 10 万小时完成 100% 检验。运行 10 万小时的小口径管,根据此前的检查结果,重点检查缺陷较严重的管座角焊缝,必要时割取管座进行管孔检查。表面、超声波、涡流或磁记忆检测分别按 NB/T 47013.5、DL/T 1105.2、DL/T 1105.3 和 DL/T 1105.4 执行。

2)小口径管道上的管件和阀壳的检验与处理参照 DL/T 438—2016 执行。

3)对联络管(旁通管)、高压门杆漏气管道、疏水管等小口径管道的管段、管件和阀壳,运行 10 万小时以后,根据检查情况,宜全部更换。

(5)若高压旁路阀门后的低温再热蒸汽管道为碳钢管,应更换为合金钢管。

(6)工作温度高于等于450℃、运行时间较长和受力复杂的碳钢、钼钢制蒸汽管道，重点检验石墨化和珠光体球化；对石墨化倾向日趋严重的管道，应按规定做好管道运行、维修，防止超温、水冲击等；碳钢的石墨化和珠光体球化评级按 DL/T 786 和 DL/T 674 执行，钼钢的石墨化和珠光体球化评级可参考 DL/T 786 和 DL/T 674。

(7)服役温度在 400～450℃ 范围内的管道行 8 万小时后根据设备运行状态，随机抽查硬度和金相组织，下次抽查时间和比例根据上次检查结果确定。同时参照标准要求进行直管段表面质量和焊缝探伤检验。

(8)对运行时间达到或超过 20 万小时、工作温度高于或等于450℃的主蒸汽管道、高温再热蒸汽管道，根据检测的金相组织、硬度状况宜割管进行材质评定，割管部位应包括焊接接头。当割管试验表明材质损伤严重时(材质损伤程度根据割管试验的各项力学性能指标和微观金相组织的老化程度由金属监督人员确定)，应对其进行寿命评估；管道寿命评估按 DL/T 940 执行。

(9)已运行 20 万小时的 12CrMoG、15CrMoG、12Cr1MoVG、12Cr2MoG(2.25Cr-1Mo、P22、10CrMo910)钢制蒸汽管道，经检验符合下列条件，直管段一般可继续运行至 30 万小时。

1)实测最大蠕变应变小于0.75%或最大蠕变速度小于0.35×10^{-5}%/h。

2)监督段金相组织未严重球化(即未达到 5 级)。12CrMoG、15CrMoG钢的珠光体球化评级按 DL/T 787 执行，12Cr1MoVG 钢的珠光体球化评级按 DL/T 773 执行，12Cr2MoG、2.25Cr-1Mo、P22 和 10CrMo910 钢的珠光体球化评级按 DL/T 999 执行。

3)未发现严重的蠕变损伤。

(10)12CrMoG、15CrMoG、12Cr1MoVG、12Cr2MoG 和 15Cr1MolV 钢制蒸汽管道，当蠕变应变达到0.75%或蠕变速度大于0.35×10^{-5}%/h，应割管进行材质评定和寿命评估。

(11)运行 20 万小时的主蒸汽管道、再热蒸汽管道，经检验发现下列情况之一时，应及时处理或更换。

1)自机组投运以后，一直提供蠕变测量数据，其蠕变应变达 1.5%。

2)一个或多个晶粒长的蠕变微裂纹。

(12)对 15CrIMoIV 钢制管道每次 A 级检修,焊缝应按数量的 50%进行磁粉、超声波检测;对焊缝裂纹的挖补,宜采用 R317 或 R317L 焊条,或采用去 Nb 的 R337 焊条进行焊接。

(13)工作温度高于等于 450℃的锅炉出口、汽轮机进口的导汽管,根据不同的机组型号在运行 5 万～10 万小时后,进行外观和无损检验,以后检验周期约为 5 万小时。对启停次数较多、原始椭圆度较大和运行后有明显复圆的弯管,特别注意,发现超标缺陷或裂纹时,应及时更换。

3. 材料 9%～12%Cr 系列钢制管道、管件的检验监督

(1)9%～12%Cr 系列钢包括 10Cr9MoIVNbN/P91、10Cr9MoW2VNbBN/P92、10Cr11MoW2VNb-Cu1BN/P122、X20CrMoV121、X20CrMoWV121、CSN417134 等。

(2)管道、管件制造前对其管材的检验参照管道、管件有关要求进行,并按以下要求检验。

1)对管材应进行 100%硬度检验,直管段母材的硬度应均匀,硬度控制在 185～250HB。

2)对管材按管道段数的 20%进行金相组织检验。Δ—铁素体含量的检验用金相显微镜在 100 倍下检查,取 10 个视场的平均值,金相组织中的 Δ—铁素体含量不超过 5%。

3)对 P92 钢管端部(0～500mm 区段)100%进行超声波检测,重点检查夹层类缺陷。夹层检验按 BS EN 10246-14 执行。P91 钢管端部夹层突缺陷检查按钢管数量的 30%进行,若发现超标夹层缺陷,应扩大检查范图。

(3)热推、热压和锻造管件的硬度应均匀,且控制在 180～250HB;F92 锻件的硬度控制在 180～269HB。

(4)对于公称直径大于 150mm 或壁厚大于 20mm 的管道,100%进行焊接接头硬度检验;其余规格管道的焊接接头按 5%抽检;焊后热处理记录显示异常的焊接接头应进行硬度检验;焊缝硬度应控制在 185～270HB,热影响区的硬度应高于等于 175HB。

(5)硬度检验的打磨深度通常为 0.5～1.0mm,并以 120 号或更细的砂轮、砂纸精磨。表面粗糙度 $Ra \leqslant 1.6 \mu m$;硬度检验部位包括焊缝和近缝区的母材,同一部位至少测量 5 点。

（6）母材、焊缝硬度超出控制范围，首先在原测点附近两处和原测点180°位置再次进行测量；其次在原测点可适当打磨较深位置，打磨后的管道壁厚不应小于按 GB 50764 计算的最小需要厚度。

（7）对于公称直径大于 150mm 或壁厚大于 20mm 的管道。按 20%进行焊接接头金相组织检验。焊缝组织中的 Δ—铁素体含量不超过 5%，最严重视场中不超过 10%；熔合区金相组织中的 Δ—铁素体含量不超过 10%，最严重视场中不超过 20%。观察整个检验而，100 倍下取 10 个视场的平均值。

（8）对制造、安装焊接接头按 20%进行无损检测抽查，表面探伤按 NB/T 47013.5 执行，超声波探伤按 DL/T 820 执行。根据缺陷情况，必要时可采用超声衍射时差法（time of flight diffraction，TOFD）对可疑的小缺陷进行跟踪检查并记录。TOFD 检测按 DL/T 1317 执行。

（9）机组服役期间管道、管件的监督检验参照 DL/T 438 执行。

（10）机组服役 3～4 个 A 级检修时，根据机组运行情况、历次检测结果以及国内其他机组 9%～12%Cr 系列钢制管道的运行/检验情况，宜在主蒸汽管道监督段、高温再热蒸汽管道割管进行以下试验。

1）化学成分分析。

2）硬度检验，并与每次检修现场检测的硬度值进行比较。

3）拉伸性能（室温、服役温度）。

4）室温冲击性能。

5）微观组织的检验与分析（光学金相显微镜、透射电子显微镜检验）。

6）依据试验结果，对管道的材质状态作出评估，由金属专贵工程师确定下次割管时间。

7）第 2 次割管除进行条款中的 1）～5）试验外，还应进行持久断裂试验。

8）第 2 次割管试验后，依据试验结果，对管道的材质状态和剩余寿命作出评估。

（11）对服役温度高于 600℃的 9%～12%Cr 钢制高温再热燃气管道、管件，机组每次 A 级检修，应对外壁氧化情况进行检查，宜对内壁氧化层进行测量；运行 2～3 个 A 级检修，宜割管进行本条款中 1）～5）规定的试验。

（12）对安装期间来源不清或有疑虑的管材，首先应对管材进行鉴定性检验，检验项目包括以下内容。

1）直管段和管件的光谱、硬度检查。

2）直管段和管件的壁厚、外径检查。

3）按 10％对直管段和管件进行超声波检测。

4）割管取样见本条款中的1）～5）。

5）依据试验结果，对管道的材质状态作出评估。

第五节　紧固件的监督

（1）大于等于 M32 的高温紧固件的质量检验按 DL/T 439、GB/T 20410 相关条款执行。

（2）高温紧固件的选材原则、安装前和运行期间的检验、更换及报废按 DL/T 439 中的相关条款执行。紧固件的超声波检测按 DL/T 694 执行。

（3）高温紧固件材料的非金属夹杂物、低倍组织和铁素体含量按 GB/T 20410 中的相关条款执行。

（4）机组每次 A 级检修，应对 20CrlMolVNbTiB、20CrlMolVTiB 钢制螺栓进行 100％的硬度检查、20％的金相组织抽查；同时对硬度高于 DL/T 439 中规定上限的螺栓也应进行金相检查，一旦发现晶粒度粗于 5 级，应予以更换。

（5）凡在安装或拆卸过程中，使用加热棒对螺栓中心孔加热的螺栓，应对其中心孔进行宏观检查，必要时使用内窥镜检查中心孔内壁是否存在过热和烧伤。

（6）汽轮机/发电机大轴联轴器螺栓，安装前应进行外观质量、光谱、硬度检验和表面探伤，机组每次检修应进行外观质量检验，按数量的 20％进行无损探伤抽查。

（7）锅炉人孔门、导汽管法兰、主汽门、调节汽门螺栓，安装前应进行硬度检验，机组运行检修期间应进行外观质量检验，按数量的 20％进行无损探伤抽查。

（8）IN783、GH4169 合金制螺栓，安装前应按数量的 10％进行无损检测，光杆部位进行超声波检测，螺纹部位进行渗透检测；安装前应按 100％进行硬度检测，若硬度超过 370HB，应对光杆部位进行超声波检测，螺纹部位渗透检测;安装前对螺栓表面进行宏观检验,特别注意检查中心孔表面的加工粗糙度。

(9)对国外引进材料制造的螺栓,若无国家或行业标准,应借鉴制造厂企业标准,明确螺栓强度等级。

第六节　金属技术监督管理

运行单位管理部门可制定本企业相应的金属技术监督细则。

运行单位管理部门每年宜召开一次金属监督工作会,交流开展金属技术监督的经验,了解国内外关于火力发电厂金属监督的最新动态、最新技术、总结经验,进行本企业金属监督的计划及规程的制修订,宣贯有关金属监督的标准、规程等。

各火力发电厂、电力建设公司、电力修造企业可不定期召开金属监督工作会,交流本企业金属技术监督的情况、总结经验,宣贯有关金属监督的标准、规程等。

金属技术监督专责(或兼职)工程师具体负责本企业的金属技术监督工作,制订本企业金属技术监督工作计划,编写年度工作总结和有关专题报告,建立金属监督技术档案。

受监部件检验应出具检验报告,报告中应注明被检部件名称、材料牌号、部件服役条件、检验方法、项目、内容、日期、结果,以及需要说明的问题。报告应由检验人员签字,并经相关人员审核批准。

各级企业应建立健全金属技术监督数据库,实行定期报表制度,使金属技术监督规范化、科学化、数字化、信息化。

修造企业制作的产品,其技术档案包括产品的设计、制造、改型和产品质量证明书和质量检验报告等技术资料,应建立档案。

电力建设安装单位应按部件根据 DL/T 438—2016 所规定的检验内容,建立健全金属技术监督档案。

火力发电厂应建立、健全机组金属监督的原始资料、运行和检修检验、技术管理 3 种类型的金属技术监督档案。

(1)原始资料档案如下。

1)受监金属部件的制造资料:包括部件的质量保证书或产品质保书,通常应包括部件材料牌号、化学成分、热加工工艺、力学性能、结构几何尺寸、强度计算书等。

2)受监金属部件的监造、安装前检验技术报告和资料。

3)四大管道设计图、安装技术资料等。

4)安装、监理单位移交的有关技术报告和资料。

(2)运行和检修检验技术档案如下。

1)机组投运时间,累计运行小时数。

2)机组或部件的设计、实际运行参数。

3)受监部件是否有过长时间的偏离设计参数(温度、压力等)运行。

4)检修检验技术档案应按机组号、部件类别建立档案。应包括部件的运行参数(压力、温度、转速等)、累计运行小时数、维修与更换记录、事故记录和事故分析报告、历次检修的检验记录或报告等。

主要部件的档案如下。

①四大管道检验监督档案。

②受热面管子检验监督档案。

③锅筒/汽水分离器检验监督档案。

④各类集箱的检验监督档案。

⑤汽轮机部件检验监督档案。

⑥发电机部件检验监督档案。

⑦高温紧固件检验监督档案。

⑧大型铸件检验监督档案。

⑨各类压力容器检验监督档案。

⑩锅炉钢结构检验监督档案。

(3)技术管理档案如下。

1)不同类别的属技术监督规程、导则。

2)金属技术监督网的组织机构和职责条例。

3)金属技术监督工作计划、总结等档案。

4)焊工技术管理档案。

5)专项检验试验报告。

6)仪器设备档案。

表 7-1　电站常用金属材料硬度值

序号	材料牌号	硬度/HBW	产品类别
1	20G	120～160	钢管
2	25MnG、SA-106B、SA-106C、SA210-C	130～180	
3	20MoG、STBA12、16Mo3	125～160	
4	12CrMoG、15CrMoG、T2/P2、T11/P11、T12/P12	125～170	
5	12Cr2MoG、T22/P22、10CrMo910	125～180	
6	12Cr1MoVG	135～195	
7	15Cr1Mo1V	145～200	
8	T23、07Cr2MoW2VNbB	150～200	
9	12Cr2MoWVTiB(G102)	160～200	
10	WB36、15NiCuMoNb5-64、15NiCuMoNb5、15Ni1MnMoNbCu、P36	185～255	
11	SA672B70CL22、SA672B70CL32	130～185	
12	SA691 1-1/4CrCL22、SA691 1-1/4CrCL32	150～200	
13	10Cr9Mo1VNbN、T91、P91、10Cr9MoW2VNbBN、T92、P92、10Cr11MoW2VNbCu1BN、T122、P122、X20CrMoV121、X20CrMoWV121、CSN417134 等	185～250	
14	07Cr19Ni10、TP304H、07Cr18Ni11Nb、TP347H、TP347HFG、07Cr19Ni11Ti、TP321H	140～192	
15	10Cr18Ni9NbCu3BN/S30432	150～219	
16	07Cr25Ni21NbN/HR3C	175～256	
17	T91、T92、P122	180～250	管屏
18	P91、P92、P122	180～250	组配件、集箱
19	T23 焊缝	150～260	焊缝
20	P91、P92、P122 焊缝	185～270	
21	T91、T92、T122 焊缝	185～290	
22	20G	106～160	管件
23	A105	137～197	
24	A106B、A106C、A672 B70CL22/32		
25	P2、P11、P12、P21、P22/10CrMo910、12Cr1MoVG、12CrMoG、15CrMoG		
26	A691 Gr. 1-1/4Cr、A691 Gr. 2-1/4Cr		
27	P91、P92、P122、X11CrMoWVNb9-1-1、X20CrMoV11-1	180～250	
28	F11,CL1,F12,CL1	121～174	
29	F11,CL1,F12,CL2	143～207	
30	F22,CL1	130～170	
31	F22,CL3	156～207	
32	F91	175～248	
33	F92	180～269	

续表

序号	材料牌号	硬度/HBW	产品类别
34	20、Q245R	110～160	
35	35	136～192	
36	16Mn、Q345R	121～178	
37	15CrMo	118～180（壁厚≤300mm）	
38		115～178（壁厚300mm～500mm）	
39	20MnMo	156～208（壁厚≤300mm）	
40		136～201（壁厚300mm～500mm）	
41		130～196（壁厚500mm～700mm）	
42	35CrMo	185～235（壁厚≤300mm）	
43		180～223（壁厚300mm～500mm）	
44	12Cr1MoV	118～195（壁厚≤300mm）	锻件
45		115～195（壁厚300mm～500mm）	
46	0Cr18Ni9、0Cr17Ni12Mo2	139～192（壁厚≤150mm）	
47		130～187（壁厚150mm～300mm）	
48	00Cr19Ni10、00Cr17Ni14Mo2	128～187（壁厚≤100mm）	
49		121～187（壁厚100mm～200mm）	
50	0Cr18Ni10Ti、0Cr18Ni12Mo2 Ti	139～187（壁厚≤100mm）	
51		131～187（壁厚100mm～200mm）	
52	00Cr18Ni5Mo3Si2	175～235（壁厚≤100mm）	
53	06Cr17Ni12Mo2	139～192	

续表

序号	材料牌号	硬度/HBW	产品类别
54	12Cr13(1Cr13)	192~211	动叶片
55	20Cr13(2Cr13)、14Cr11MoV(1Cr11MoV)	212~277	
56	15Cr12MoWV(1Cr12MoWV)	229~311	
57	35	146~196	螺栓
58	45	187~229	
59	20CrMo	197~241	
60	30CrMo	255~311（直径<50mm）	
61		241~285（直径≥50mm）	
62	42CrMo	255~321（直径<65mm）	
63		248~311（直径≥65mm）	
64	25Cr2MoV、25Cr2Mo1V、20Cr1Mo1V	248~293	
65	20Cr1Mo1VTiB	255~293	
66	20Cr1Mo1VNbTiB	252~302	
67	20Cr12MoNiMoW(C422)、1Cr11MoNiW1NbN、2Cr11MoNiW1NbN	277~331	
68	2Cr11Mo1VNbN、2Cr12MoNiW1Mo1V、2Cr11NiMoNbVN	290~321	
69	45Cr1MoV	248~293	
70	R-26(Ni-Cr-Co 合金)、GH445	262~331	
71	ZG20CrMo	135~187	铸钢
72	ZG15Cr1Mo、ZG15Cr2Mo1、ZG20CrMoV、ZG15Cr1Mo1V	140~220	
73	ZG10Cr9Mo1VNbN	185~250	
74	ZG12Cr9Mo1VNbN	190~250	
75	ZG11Cr9Ni10MoVNbN、ZG13Cr11MoVNbN、ZG14Cr10Mo1VNbN、ZG11Cr10Mo1NiWVNbN、ZG12Cr10Mo1NiWVNbN、ZG12Cr10Mo1W1VNbN-1、ZG12Cr10Mo1W1VNbN-2、ZG12Cr10Mo1W1VNbN-3	210~260	

蠕变损伤检查方法按 DL/T 884 执行。

蠕变损伤评级如表 7-2 所示。

表 7-2　低合金耐热钢蠕变损伤评级

评级	微观组织形貌
1	新材料,正常金相组织
2	珠光体或贝氏体已经分散,晶界有碳化物析出,碳化物球化达到 2～3 级
3	珠光体或贝氏体基本分散完毕,略见其痕迹,碳化物球化达到 4 级
4	珠光体或贝氏体完全分散,碳化物球化达到 5 级,碳化物颗粒明显长大且在晶界呈具有方向性(与最大应力垂直)的链状析出
5	晶界上出现一个或多个晶粒长度的裂纹

参考文献

［1］ 袁心亿.减温减压装置前馈温度控制系统设计[J].中国计量学院学报,2006(2): 146-149.

［2］ 张少坤,翁国兵,范绍智.减温减压装置的改造[J].机电信息,2010(12):197.

［3］ 雍丽英,孙福才,张永标.新型减温减压装置结构设计及研究[J].科技创新与应用, 2015(18):11-12.

［4］ 阎继宏.哈萨克第三天然气处理厂减温减压装置开车调试[J].石油规划设计,2008 (6):40-41,48.

［5］ 陈娟娟.减温、减压装置在焦化企业的应用[J].现代冶金,2012,40(1):46-47.

［6］ 马力,杨自玲,李强.浅析某化工企业自备电厂新增减温减压器的经济效益[J].广 州化工,2019,47(5):137-138,144.

［7］ 杨林,罗继雄,何培东.国产大化肥装置减温减压阀运行故障分析[J].化肥设计, 2020,58(1):49-50.

［8］ 董玉江.减温减压阀的特点及应用[J].管道技术与设备,1999(4):32-33.

［9］ 陈立龙,陈卫平,刘儒亚,等.第五代减温减压装置的研究[C]//第六届全国阀门与 管道学术会议论文集,2009:47-52.

［10］ 陈卫平,陈立龙,陈卫荣.第四代减温减压阀的设计[C]//第五届全国阀门与管道 学术会议论文集,1999:6-8.

［11］ 邓凡,邹积明.超高压减温减压器典型问题的分析处理[J].石油化工自动化,2002 (3):78-80.

［12］ 赵彦修,吴旭正.一起减压阀爆炸事故浅析[J].中国锅炉压力容器安全,1996,12 (2):41-42.

［13］ 陆培文,孙晓霞,杨炯良.阀门选用手册[M].北京:机械工业出版社,2009.

［14］ 魏琳,张明,颜孙挺,等.减压阀流动特性研究进展[J].化工机械,2015,42(6):742-

749,851.

[15] 周翔.浅谈减温减压器系统的设置及工艺计算[J].科技创新导报,2015,12(22):153-154.

[16] 钱锦远,侯聪伟,金亮,等.减压阀阀芯与孔板间距对节流性能的影响分析[J].液压与气动,2018(12):11-14.

[17] 侯聪伟,钱锦远,金志江.笼罩结构对椭球形阀芯抑制空化的参数分析[J].流体机械,2019,47(9):33-39,32.

[18] 张满芬,申景拓.串行多级式减压阀:CN201420246512.1[P].2014-05-14.

[19] 刘佳,何庆中,刘晓叙,等.高压差迷宫式调节阀流道设计研究[J].液压与气动,2016(11):72-76.

[20] CHEN F Q,ZHANG M,QIAN J Y,et al. Pressure analysis on two-step high pressure reducing system for hydrogen fuel cell electric vehicle[J]. International Journal of Hydrogen Energy,2017,42(16):11541-11552.

[21] 陈立龙,张明,陈卫平,等.高性能高参数减温减压装置的研究[C]//第七届全国阀门与管道学术会议论文集,2019:475-481.

[22] 李广军,王彦枝,刘丽娟,等.双座调节减压阀:CN201721168196.0[P].2017-09-13.

[23] 周勇,王敏.减温减压装置中减温器结构的设计与研究[J].锅炉制造,2004(4):58-59.

[24] 孙丽,陈立龙.伞状雾化可调喷嘴的设计及应用[J].热电技术,2010:32-33,37.

[25] 许秉浩.化工项目蒸汽减温减压器选型的探讨[J].化肥设计,2018,56(2):41-44.

[26] 肖军,章名耀,蔡宁生.PFBC-CC中试电站烟气旁路减温器模拟实验研究及设计应用[J].东南大学学报(自然科学版),2002,(3):431-436.

[27] 胡赤兵,陈宇,张育斌.新型文丘里式喷水减温器的入口型线设计[J].机械制造,2010,48(11):43-45.

[28] JIN Z J,WEI L,CHEN L L,et al. Numerical simulation and structure improvement of double throttling in a high parameter pressure reducing valve[J]. Journal of Zhejiang University-Science A,2013,14(2):137-146.

[29] CHEN F Q,QIAN J Y,CHEN M R,et al. Turbulent compressible flow analysis on multi-stage high pressure reducing valve[J]. Flow Measurement and Instrumentation,2018,61:26-37.

[30] CHEN F Q,ZHANG M,QIAN J Y,et al. Thermo-mechanical stress and fatigue damage analysis on multi-stage high pressure reducing valve[J]. Annals of Nuclear Energy,2017,110:753-767.

[31] SUN W,MENG G X,YE Q,et al. Prediction of leakage of a pressure-relief valve based on support vector regression with auxiliary input information[J]. Proceedings of the Institution of Mechanical Engineers,Part C:Journal of Mechanical Engineering Science,2011,225(8):1984-1990.

[32] 李长松,孙卫东,孙卫星,等.一种笼式双座蒸汽减压阀的弹性密封阀座结构:CN201820438654.6[P].2018-03-29.

[33] 梅奎,张云飞,赵同舟.一种减温减压装置用双座减压阀:CN201821010054.6[P].2018-06-28.

[34] 李明忠,赵国瑞.基于有限元仿真分析的高压雾化喷嘴设计及参数优化[J].煤炭学报,2015,40(S1):279-284.

[35] 王荣.空冷机组减温减压装置设计研究[D].上海:上海交通大学,2016.

[36] 张明,陈立龙,王轶栋.蒸汽控制阀的研究和应用[J].阀门,2018,(3):23-28.

[37] 袁舒欣,唐亚鸣,杨刚,等.雾化降尘水炮文丘里喷管的参数设计[J].机械制造,2017,55(3):24-27.

[38] WANG Y,ZHU D P. A new spray desuperheater structure design[J]. Advanced Materials Research,2013,718-720:1630-1633.

[39] 减温减压装置:NB/T 47033-2013[S].2013.

[40] 陈富强,王飞,魏琳,等.减压阀噪声研究进展[J].排灌机械工程学报,2019,37(1):49-57.

[41] 陈立龙,张明,刘儒亚,等.二级可调节流减压阀流场与噪声分析[J].通用机械,2016,(7):69-73.

[42] ALENIUS E,ABOM M,FUCHS L. Large eddy simulations of acoustic-flow interaction at an orifice plate[J]. Journal of Sound and Vibration,2015,345:162-177.

[43] LIN J,SHI ZH X,LAI H X. Numerical study of controlling jet flow and noise using pores on nozzle inner wall[J]. Journal of Thermal Science,2018,27(2):146-156.

[44] WEI L,ZHU G R,QIAN J Y,et al. Numerical simulation of flow-induced noise in high pressure reducing valve[J]. Plos One,2015,10(6):e0129050-e0129065.

[45] OUÉDRAOGO B,MARÉCHAL R,VILLE J M,et al. Broadband noise reduction by circular multi-cavity mufflers operating in multimodal propagation conditions[J]. Applied Acoustics,2016,107:19-26.

[46] QIAN J Y,WEI L,ZHU G R,et al. Transmission loss analysis of thick perforated plates for valve contained pipelines[J]. Energy Conversion and Management,

2016,109:86-93.

[47] 陈富强,金志江.高参数减压阀含多孔板热应力的数值分析[J].化工进展,2019,
38(S1):19-26.

[48] STADNIK D M,IGOLKIN A A,SVERBILOV V Y,et al. The muffler perform-
ance effect on pressure reducing valve dynamics[J]. Proceedings of the 3rd Inter-
national Conference on Dynamics and Vibroacoustics of Machines（Dvm2016）,
2017,176:706-717.

[49] YOUN C,ASANO S,KAWASHIMA K,et al. Flow characteristics of pressure
reducing valve with radial slit structure for low noise[J]. Journal of Visualization,
2008,11(4):357-364.

[50] 邵海燕,宋方臻,马玉真,等.减压阀的噪声估计与改进设计[J].液压与气动,
2011,(11):105-106.

[51] LIU CH, LI X Y, QU D Y. Parameter Optimization Research of Control Valve
Cage Type Part[C]//The 2nd National Conference on Information Technology
and Computer Science,2015:7.

[52] ERDODI I,HOS C. Prediction of quarter-wave instability in direct spring opera-
ted pressure relief valves with upstream piping by means of CFD and reduced or-
der modelling[J]. Journal of Fluids and Structures,2017,73:37-52.

[53] 张雷.蒸汽排放系统振动噪声特性研究[D].哈尔滨:哈尔滨工程大学动力能源工
程学院,2007.

[54] 凤建刚.进口高压蒸汽减压阀的国产化改造[J].石油化工自动化,2018,54(1):
75-76.

[55] 蒋继黎,袁成怀.疏水扩容器减温水管道强烈振动和高噪声分析[J].热力发电,
2010,39(4):95-96.

[56] 王群慧,黄荣国.汽机旁路系统蒸汽减温减压阀阀体三维瞬态温度场和应力场的
分析计算[J].热力发电,1993(5):16-22,62.

[57] 郑红丽.减温减压阀的设计与计算[J].锅炉制造,2011,(6):62-64.

[58] 钟世梁,黄荣国,许冰.600MW 机组高压旁路减温减压阀热应力计算及寿命估算
[J].动力工程,2005(2):267-270,279.

[59] 袁伟超.关于火力发电厂汽机旁路阀的研究[J].科技创新导报,2010(19):67.

[60] 张文福,陈朝学.高温高压减温减压阀:CN201320817765.5[P].2013-12-07.

[61] 李新全,贺乐全,吴凯伟,等.全密封减温减压阀:CN201720567205.7[P].2017-
05-15.

[62] 李广军.文丘里式喷水型减温减压阀[J].阀门,2016(5):29,45.

[63]　王朝富.超超临界减温减压阀结构分析及模拟研究[D].兰州:兰州理工大学,2012.

[64]　赵永宁,邱玉堂.火力发电厂金属监督[M].北京:中国电力出版社,1987

[65]　宋汉武.蒸汽锅炉减温器[M].重庆:科学技术文献出版社,1987.

[66]　陆培文.工业过程控制阀设计选型与应用技术[M].北京:中国质检出版社,2016.

[67]　龚飞鹰,刘传君,何衍庆.控制阀设计实用手册[M].北京:化学工业出版社,2015.

[68]　章德龙.超超临界火电机组培训系列教材 锅炉分册[M].北京:中国电力出版社,2013.

[69]　彼得·史密斯,R.W.察佩.阀门选用手册[M].北京:石油工业出版社,2012.

[70]　宁丹枫,陆培文.国外先进阀门材料标准解析[M].北京:中国质检出版社,2015.

[71]　蔡仁良.流体密封技术原理与工程应用[M].北京:化学工业出版社,2013.

[72]　赵广平,尹亮.特种加工技术[M].北京:哈尔滨工程大学出版社,2018.

[73]　布赖恩·内斯比特.阀门和驱动装置技术手册[M].北京:化学工业出版社,2010.

[74]　陆培文.国内外阀门新结构[M].北京:中国标准出版社,1997.

[75]　钱锦远,金志江,李文庆.阀门设计与材料选用基础[M].杭州:浙江大学出版社,2019.

[76]　章裕昆,陈殿金,杨英,等.安全阀技术[M].北京:机械工业出版社,2016.

[77]　张清双、汤伟、刘晓英.阀门制造工艺手册.[M].北京:化学工业出版社,2017.

[78]　周震.安全阀[M].北京:中国标准出版社,2020.

[79]　刘维.超(超)临界机组控制方法与应用[M].北京:中国电力出版社,2010.

[80]　吴勤勤.控制仪表及装置[M].北京:化学工业出版社,2002.

[81]　张华,赵文柱.热工测量仪表[M].北京:冶金工业出版社,2006.

[82]　叶江祺.热工测量仪表和控制仪表的安装[M].北京:中国电力出版社,1998.

[83]　广东电网公司电力科学研究院.锅炉设备及系统[M].北京:中国电力出版社,2011.

[84]　李益民,范长信,杨百勋,等.大型火电机组用新型耐热钢[M].北京:中国电力出版社,2013.

[85]　张磊,陈媛,韩等.超(超)临界机组焊接技术与工艺评定[M].北京:中国电力出版社,2014.

[86]　中国华电工程(集团)有限公司,上海发电设备成套设计研究院.大型火电设备手册汽水系统设备[M].北京:中国电力出版社,2009.

[87]　沈阳高中压阀门厂.阀门制造工艺[M].北京:机械工业出版社,1984.

[88]　陈立龙.高性能高温高压蒸汽转换阀的设计 第六届全国阀门与管道学术会议论文集[M].合肥:合肥工业大学出版社,2009:65-68.

[89] 张明. 蒸汽控制阀的研究和应用[J]. 阀门,2018,3:23-28.

[90] 张明. 阀门流道结构对流体特性影响的分析与研究[J]. 阀门,2018,5:24-26.

[91] 吴怀昆. 高温阀门性能测试装置的设计 第七届全国阀门与管道学术会议论文集[M]. 合肥:合肥工业大学出版社,2019:275-278.

[92] 朱绍源. 工业阀门热态验证 第七届全国阀门与管道学术会议论文集[M]. 合肥:合肥工业大学出版社,2019:279-284.

[93] 耿圣陶. 串接多级节流控制阀阀内介质压力智能化无害分布设计 第七届全国阀门与管道学术会议论文集[J]. 合肥:合肥工业大学出版社,2019:12-18.

[94] 王伟. 一种闪蒸工况用阀门及其阀芯、阀座结构的研究 第七届全国阀门与管道学术会议论文集[J]. 合肥:合肥工业大学出版社,2019:151-159.

[95] 侯聪伟. 高压差套筒式控制阀中漏斗形节流窗口的参数分析 第七届全国阀门与管道学术会议论文集[J]. 合肥:合肥工业大学出版社,2019:475-481.

[96] 李树勋. 多级降压孔板流激振动特性数值模拟研究 第七届全国阀门与管道学术会议论文集[M]. 合肥:合肥工业大学出版社,2019:435-445.

[97] 吴嘉懿. 阀体通道结构对套筒式调节阀流道特性的影响 第七届全国阀门与管道学术会议论文集[M]. 合肥:合肥工业大学出版社,2019:458-467.

[98] 李树勋. 高压降压迷宫式套筒组合调节阀设计及流动特性研究 第七届全国阀门与管道学术会议论文集[M]. 合肥:合肥工业大学出版社,2019:492-500.

[99] 张明. 阀门流道结构对流体特性影响的分析与研究 第七届全国阀门与管道学术会议论文集[M]. 合肥:合肥工业大学出版社,2019:452-457.

[100] 靳淑军. 基于CFD技术的三通道调节阀内部流动性能研究 第七届全国阀门与管道学术会议论文集[M]. 合肥:合肥工业大学出版社,2019:528-533.

[101] 董晓飞. 控制阀选型计算研究 第七届全国阀门与管道学术会议论文集[M]. 合肥:合肥工业大学出版社,2019:562-566.

[102] 仇畅. 笼罩式阀芯开孔孔隙率对减压阀流动特性影响的数值研究 第七届全国阀门与管道学术会议论文集[M]. 合肥:合肥工业大学出版社,2019:562-566.

[103] 童成彪. 套筒式减压阀流量系数计算与验证 第七届全国阀门与管道学术会议论文集[M]. 合肥:合肥工业大学出版社,2019:608-617.

[104] 章茂森. 某三通调节阀内部湍流动能和耗散率分析 第七届全国阀门与管道学术会议论文集[M]. 合肥:合肥工业大学出版社,2019:577-583.

[105] 李志鹏. 高温高压复合阀结构技术研究 第七届全国阀门与管道学术会议论文集[M]. 合肥:合肥工业大学出版社,2019:42-46.

[106] 笹原敬史. 安全阀技术[M]. 东京:理工学社,2001.

[107] 国家质检总局特种设备安全技术委员会. TSG D0001-2009 压力管道安全技术监

察规程-工业管道[S].北京:新华出版社,2009.

[108] 国家市场监管总局.TSG 11-2020 锅炉安全技术规程[S].北京:新华出版社,2020.

[109] 质检总局特种设备安全技术委员会.TSG ZF001—2006 安全阀安全技术监察规程[S].北京:中国计量出版社,2006.

[110] 全国锅炉压力容器标准化技术委员会.GB/T 10868—2018 电站减温减压阀[S].北京:中国标准出版社,2018.

[111] 全国锅炉压力容器标准化技术委员会.GB/T 10869—2009 电站调节阀[S].北京:中国标准出版社,2009.

[112] 全国锅炉压力容器标准化技术委员会.NB/T 47033—2013 减温减压装置[S].北京:能源出版社,2014.

[113] 全国锅炉压力容器标准化技术委员会.NB/T 47044—2014 电站阀门[S].北京:能源出版社,2014.

[114] 全国锅炉压力容器标准化技术委员会.NB/T 47063—2017 电站安全阀[S].北京:能源出版社,2018.

[115] 全国阀门标准化技术委员会.GB/T 24920—2010 石化工业用钢制压力释放阀[S].北京:中国标准出版社,2010.

[116] 全国阀门标准化技术委员会.GB/T 24921.1—2010 石化工业用压力释放阀的尺寸确定、选型和安装 第1部分:尺寸确定和选型[S].北京:中国标准出版社,2010.

[117] 全国阀门标准化技术委员会.GB/T 24921.2—2010 石化工业用压力释放阀的尺寸确定、选型和安装 第2部分:安装[S].北京:中国标准出版社,2010.

[118] 全国阀门标准化技术委员会.GB/T 12241—2021 安全阀一般要求[S].北京:中国标准出版社,2021.

[119] 全国阀门标准化技术委员会.GB/T 12242—2021 压力泄放装置 性能试验方法[S].北京:中国标准出版社,2021.

[120] 全国阀门标准化技术委员会.GB/T 12243—2021 弹簧直接载荷式安全阀[S].北京:中国标准出版社,2021.

[121] 全国阀门标准化技术委员会.GB/T 22652—2008 阀门密封面堆焊工艺评定[S].北京:中国标准出版社,2008.

[122] 全国阀门标准化技术委员会.GB/T 32291—2015 高压超高压安全阀离线校验与评定[S].北京:中国标准出版社,2015.

[123] 全国阀门标准化技术委员会.JB/T 6438—2011 阀门密封面等离子堆焊技术条件[S].北京:机械工业出版社,2011.

[124]　全国阀门标准化技术委员会.JB/T 7744—2011 阀门密封面等离子弧堆焊用合金粉末[S].北京:机械工业出版社,2011.

[125]　ASME PTC 25-2014 Pressure Relief Devices-Performance Test Codes[S]. New York:ASME,2014.

[126]　API RP520-2003 Sizing,Selection,and Installation of Pressure-Relieveing Devices in Refineries-Part Ⅱ, Installation[S]. 5th ed. Washington D. C. API,2003.

[127]　API Std 521-2007 Guide for Pressure-Relieveing and Depressuring Systems[S]. 5th ed. Washington D. C. API,2007.

[128]　API Std 526-2009 Flanged Steel Pressure-Relief Valves[S]. 6th ed. Washington D. C. API,2009.

[129]　API Std 527-2014 Seat Tightness of Pressure-Relief Valves[S]. 3rd ed. Washington D. C. API,2014.

[130]　API RP 576-2009 Inspection of Pressure-Relief Devices[S]. 3rd ed. Washington D. C. API,2009.

[131]　2017 ASME boiler and Pressure-Vessel Code,Section Ⅰ,Rules for Construction of Power Boilers[S]. 2017 Edition, New York:ASME,2017.

[132]　2017 ASME boiler and Pressure-Vessel Code,Section Ⅷ Division 1,Rules for Construction of Power Boilers[S]. 2017 Edition, New York:ASME,2017.

[133]　2017 ASME boiler and Pressure-Vessel Code,Section Ⅲ Rules for Construction of Nuclear Facility Components[S]. 2017 Edition, New York:ASME,2017.

[134]　Technical Committee ISO/TC185. ISO4126-1:2013 Safety Devices for Protection Against Excesve Pressure Part 1: Safety Valves[S]. Switzerland,2013.

[135]　Technical Committee ISO/TC185. ISO4126-4:2013 Safety Devices for Protection Against Excesve Pressure Part 4: Operated Safety Valves[S]. Switzerland,2013.

[136]　Technical Committee ISO/TC185. ISO4126-5:2013 Safety Devices for Protection Against Excesve Pressure Part 5: Controlled Safety relief Systems (CSPRS)[S]. Switzerland,2013.

[137]　Technical Committee ISO/TC185. ISO4126-7:2013 Safety Devices for Protection Against Excesve Pressure Part 7: Common data[S]. Switzerland,2013.

[138]　Technical Committee ISO/TC185. ISO4126-9:2008 Safety Devices for Protection Against Excesve Pressure Part 9: Application and installation of Safety Devices-excluding stand-alone bursting disc Safety Devices[S]. Switzerland,2008.

[139]　Technical Committee ISO/TC185. ISO 4126-10:2013 Safety devices for Protection against Excessive Pressure Part 10: Sizing of Safety Valves and Connected

Inlet and Outlet Lines Forgas/Liquid Two-Phase Flow[S]. Switzerland,2008.

[140] JAPANESE INDUSTRIAL STANDARDS COMMITTEE. JIS B 8210:2009 Safety Devices for Protection Against Excessive Pressure-Direct Spring Loaded Safety Valves for Steam and Gas Service[S]. Tokyo:Japanese Standards Association,2011.

[141] STAFFELL I, SCAMMAN D, VELAZQUEZ ABAD A, et al. The role of hydrogen and fuel cells inthe global energy system[J]. Energy Environ Sci 2019;12 (2):463-491.

[142] GIELEN D, BOSHELL F, SAYGIN D, et al. The role of renewable energy in the global energy transformation[J]. Energy Strateg Rev,2019;24:38-50.

[143] CANO Z P, BANHAM D, YE S, et al. Batteries and fuel cells for emerging electric vehicle markets[J]. Nat Energy,2018,3(4):279-289.

[144] SINIGAGLIA T, LEWISKI F, SANTOS MARTINS ME, et al. Production, storage, fuel stations of hydrogen and itsutilization in automotive applications: A review[J]. International Journal of Hydrogen Energy,2017,42(39):24597-24611.

[145] QIAN J Y, CHEN M R, GAO Z X, Jin ZJ. Mach number and energy loss analysis inside multi-stage Tesla valves for hydrogen decompression[J]. Energy, 2019,179:647-654.

[146] QIAN J Y, WU J Y, GAO Z X, et al. Hydrogen decompression analysis by multi-stage Tesla valves for hydrogen fuel cell[J]. Internation Journal of Hydrogen Energy,2019,44(26):13666-13674.

[147] ALAZEMI J, ANDREWS J. Automotive hydrogen refueling stations: an international review [J]. Renewable & Sustainable Energy Reviews, 2015, 48: 483-499.

[148] SAKAMOTO J, SATO R, NAKAYAMA J, et al. Leakage-type-based analysis of accidents involving hydrogen fueling stations in Japan and USA[J]. Internation Journal of Hydrogen Energy,2016,41(46):21564-21570.

[149] ZHENG J, LIU X, XU P, et al. Development of high pressure gaseous hydrogen storage technologies[J]. Internation Journal Hydrogen Energy,2012,37(1): 1048-1057.

[150] GUPTA S, BRINSTER J, STUDER E, et al. Hydrogen related risks within a private garage: concentration measurements in a realistic full scale experimental facility[J]. Internation Journal of Hydrogen Energy,2009,34(14):5902-5911.

[151] MERILO EG, GROETHE MA, COLTON JD, et al. Experimental study of hy-

drogen release accidents in a vehicle garage[J]. Internation Journal of Hydrogen Energy,2011,36(3):2436-2444.

[152] TANAKA T, AZUMA T, EVANS JA, et al. Experimental study on hydrogen explosions in a full-scale hydrogen filling station model[J]. Internation Journal of Hydrogen Energy,2007,32(13):2162-2170.

[153] SHIRVILL L C, ROBERTS T A, Royle M, et al. Safety studies on high-pressure hydrogen vehicle refuelling stations: releases into a simulated high-pressure dispensing area[J]. Internation Journal of Hydrogen Energy, 2012, 37 (8): 6949-6964.

[154] KOBAYASHI H, NARUO Y, MARU Y, et al. Experiment of cryo-compressed (90-MPa) hydrogen leakage diffusion[J]. Internation Journal of Hydrogen Energy,2018,43(37):17928-17937.

[155] ITTS WM, YANG JC, FERNANDEZ MG. Helium dispersion following release in a 1/4-scale two-car residential garage[J]. Internation Journal of Hydrogen Energy,2012,37(6):5286-5298.

[156] BERNARD-MICHEL G, HOUSSIN-AGBOMSON D. CoMParison of helium and hydrogen releases in 1 m³ and 2m³ two vents enclosures: concentration measurements at different flow rates and for two diameters of injection nozzle[J]. Internation Journal of Hydrogen Energy,2017,42(11):7542-7550.

[157] DE STEFANO M, ROCOURT X, SOCHET I, et al. Hydrogen dispersion in a closed environment[J]. Internation Journal of Hydrogen Energy,2019,44(17): 9031-9040.

[158] CHOI J, HUR N, KANG S, et al. A CFD simulation of hydrogen dispersion for the hydrogen leakage from a fuel cell vehicle in an underground parking garage [J]. Internation Journal of Hydrogen Energy,2013,38(19):8084-8091.

[159] BAUWENS CR, DOROFEEV SB. CFD modeling and consequence analysis of an accidental hydrogen release in a large scale facility[J]. Internation Journal of Hydrogen Energy,2014,39(35):20447-20454.

[160] HAJJI Y, BOUTERAA M, CAFSI AE, et al. Dispersion and behavior of hydrogen during a leak in a prismatic cavity. Internation Journal of Hydrogen Energy,2014,39(11):6111-6119.

[161] LI F, YUAN Y, YAN X, et al. A study on a numerical simulation of the leakage and diffusion of hydrogen in a fuel cell ship[J]. Renewable&Sustainable Energy Reviews,2018,97:177-185.

[162] KIM E, PARK J, CHO JH, et al. Simulation of hydrogen leak and explosion for the safety design of hydrogen fueling station in Korea[J]. Internation Journal of Hydrogen Energy,2013,38(3):1737-1743.

[163] PAN X, LI Z, ZHANG C, et al. Safety study of a windesolar hybrid renewable hydrogen refuelling station in China[J]. Internation Journal of Hydrogen Energy,2016;41(30):13315-13321.

[164] LIANG Y, PAN X, ZHANG C, et al. The simulation and analysis of leakage and explosion at a renewable hydrogen refuelling station[J]. Internation Journal of Hydrogen Energy,2019,44(40):22608-22619.

[165] HAN U, OH J, LEE H. Safety investigation of hydrogen charging platform package with CFD simulation[J]. Internation Journal of Hydrogen Energy, 2018,43(29):13687-13699.

[166] ISHIMOTO J, SATO T, COMBESCURE A. Computational approach for hydrogen leakage with crack propagation of pressure vessel wall using coupled particle and Euler method[J]. Internation Journal of Hydrogen Energy,2017,42 (15):10656-10682.

[167] MOLKOV V, Saffers J. Hydrogen jet flames[J]. Internation Journal of Hydrogen Energy,2013,38(19):8141-8158.

[168] BIRCH AD, HUGHES DJ, SWAFFIELD F. Velocity decay of high pressure jets[J]. Combustion Science and Technologg,1987,52(1e3):161e71.

[169] MOLKOV V, MAKAROV D, BRAGIN M. Physics and modelling of under-expanded jets and hydrogen dispersion in atmosphere[J]. Phys Extrem State Matter,2009,11(6):143-145.

[170] SWAIN MR, GRILLIOT ES, SWAIN MN. Risks incurred by hydrogen escaping from containers and conduits. In: Proceedings of the 1998 U. S. DOE hydrogen program review, vol. II. Alexandria,VA: Golden (CO): National Renewable Energy Laboratory, 1998 Apr. 28-30. NREL Report No. NREL/CP-570-25315.

[171] SCHEFER R, HOUF W, WILLIAMS T. Investigation of small-scale unintended releases of hydrogen: momentum-dominated regime[J]. Internation Journal of Hydrogen Energy,2008,33(21):6373-6384.

[172] 中国电力企业联合会.DL/T 292—2011 火力发电厂汽水管道振动控制导则[S]. 北京:中国计划出版社,2011.

[173] 中国电力企业联合会.DL/T 438—2016 火力发电厂金属技术监督规程[S]. 北

京:中国计划出版社,2016.

[174] 中国电力企业联合会.DL/T 439—2006 火力发电厂高温紧固件技术导则[S].北京:中国计划出版社,2006.

[175] 中国电力企业联合会.DL/T 441—2004 火力发电厂高温高压蒸汽管道蠕变监督规程[S].北京:中国计划出版社,2004.

[176] 中国电力企业联合会.DL/T 674—1999 火电厂用 20 号钢珠光体球化评级标准[S].北京:中国计划出版社,1999.

[177] 中国电力企业联合会.DL/T 695—2014 电站钢制对焊管件[S].北京:中国计划出版社,2014.

[178] 中国电力企业联合会.DLT 715—2015 火力发电厂金属材料选用导则[S].北京:中国计划出版社,2016.

[179] 中国电力企业联合会.DLT 752—2010 火力发电厂异种钢焊接技术规程[S].北京:中国计划出版社,2010.

[180] 中国电力企业联合会.DL/T 773—2016 火电厂用 12Cr1MoV 钢球化评级标准[S].北京:中国计划出版社,2016.

[181] 中国电力企业联合会.DL/T 786—2001 碳钢石墨化检验及评级标准[S].北京:中国计划出版社,2001.

[182] 中国电力企业联合会.DL/T 787—2001 火电厂用 15CrMo 钢珠光体球化评级标准[S].北京:中国计划出版社,2001.

[183] 中国电力企业联合会.DL/T 819—2010 火力发电厂焊接热处理技术规范[S].北京:中国计划出版社,2010.

[184] 中国电力企业联合会.DL/T 869—2012 火力发电厂焊接技术规程[S].北京:中国计划出版社,2012.

[185] 中国电力企业联合会.DL/T 884—2019 火电厂金相检验与评定技术导则[S].北京:中国计划出版社,2019.

[186] 中国电力企业联合会.DL/T 940—2005 火力发电厂蒸汽管道寿命评估技术导则[S].北京:中国计划出版社,2005.

[187] 中国电力企业联合会.DL/T 999—2006 电站用 2.25Cr-1Mo 钢球化评级标准[S].北京:中国计划出版社,2006.

[188] 中国电力企业联合会.DL/T 1422—2015 18Cr-8Ni 系列奥氏体不锈钢锅炉管显微组织老化评级标准[S].北京:中国计划出版社,2001.

[189] 中国电力企业联合会.DL/T 5054—2016 火力发电厂汽水管道设计规范[S].北京:中国计划出版社,2016.

[190] 中国电力企业联合会.DL/T 5072—2007 火力发电厂保温油漆设计规程[S].北

京：中国计划出版社，2007.

[191]　中国电力企业联合会.DL/T 5366—2014 发电厂汽水管道应力计算技术规程[S].北京：中国计划出版社，2014.

[192]　陈立龙.高温高压阀门铸件金相球化分析与应用[J].阀门，2021，(3)：172-174.

[193]　陈立龙，张明，陈卫平.一种减温减压阀门：CN108533780B[P].2020-08-04.

[194]　陈立龙，张明，陈卫平.一种便于调节的减温减压阀：CN108443546B[P].2019-08-30.

[195]　陈立龙，张明，陈卫平.一种高压调节阀：CN107725807B[P].2019-06-04.

[196]　张明，陈立龙.控制阀：CN106555895B[P].2019-02-19.

[197]　陈立龙，张明.一种泄压系统：CN104864142B[P].2018-08-24.

[198]　张明，陈立龙.一种调节阀及其具有该调节阀的工程机械：CN106555895B[P].2018-02-09.

[199]　陈立龙，张明.一种安全阀：CN106555895B[P].2017-07-04.

[200]　陈立龙.一种蒸汽减温系统：CN106555895B[P].2016-08-07.

[201]　陈立龙，陈荣斌，张明，等.一种立式减温系统：CN106555895B[P].2013-08-07.

[202]　钱锦远、金志江.特种阀门流动分析技术.[J].北京：机械工业出版社，2021.